LED 조명기술개론

장우진 · 황명근 · 박승옥 · 이성남 · 노재엽 · 조현민 공저

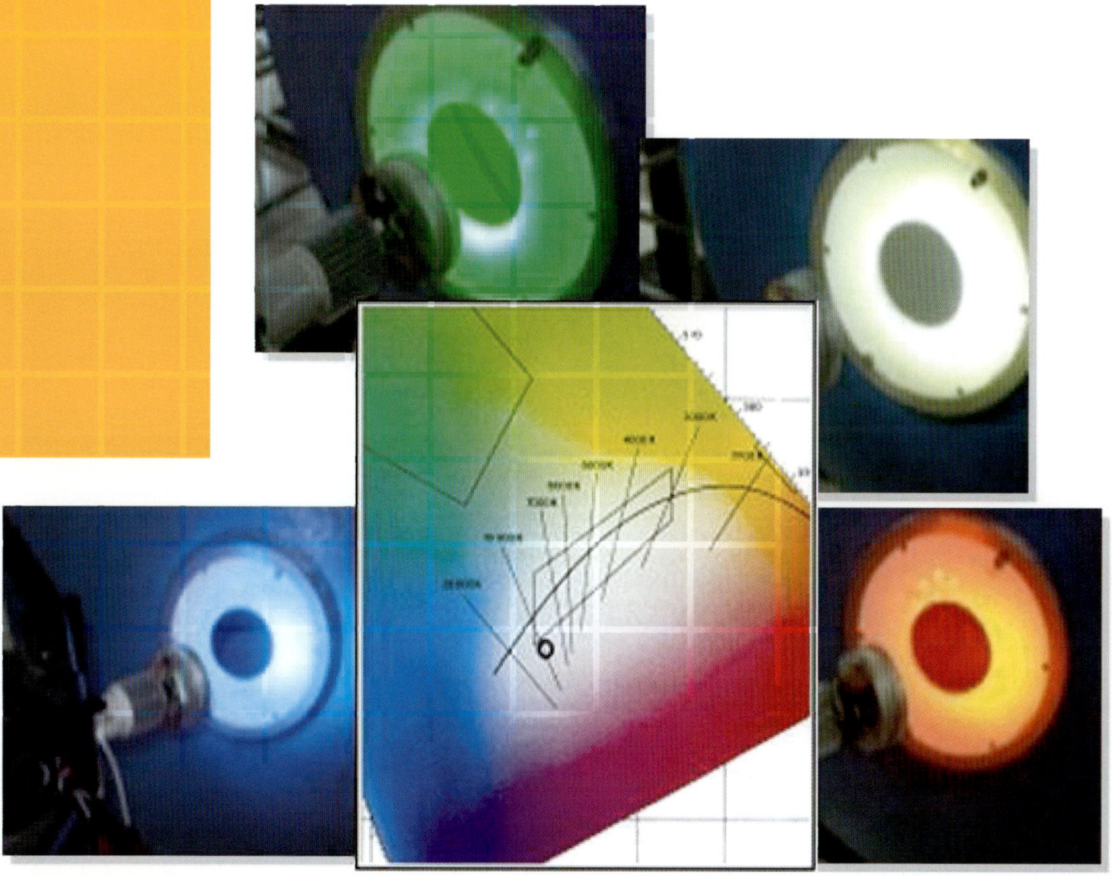

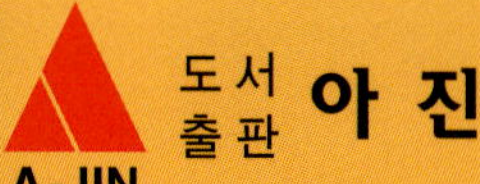

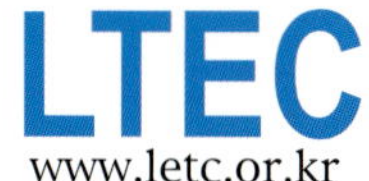

A-JIN 도서출판 아진

LTEC 차세대LED조명기술인력양성센터
LED Lighting Technology Education Center
www.letc.or.kr

LED
조명기술개론

장우진 · 황명근 · 박승옥 · 이성남 · 노재엽 · 조현민 공저

"내가 가는 길을 그가 아시나니 그가 나를 단련하신 후에는
내가 순금 같이 되어 나오리라 (욥23 : 10)"

머리말

최근 에너지절약과 환경문제에 대한 이슈가 크게 대두되면서 LED 조명을 중심으로 新광원(LED, OLED 등)의 기술수요가 급증될 것으로 예상되고 있으며 각 기업에서는 LED조명의 기술 경쟁력 향상을 위한 융·복합 학문(전기/전자/물리/화학/나노/광/재료/건축/의료/농수산/기계 등)에 대한 전문 기술 인력을 필요로 하고 있습니다.

조명은 인간이 삶을 영위해 나가는데 있어서 반드시 필요한 도구로 그 시대의 기술 수준과 시대적 요구에 따라 발전을 해왔습니다. 과거 등화시대에 단순히 불을 밝히는 수단에서 인간의 건강하고 쾌적한 삶, 아름다움을 창조하는 수단으로 현재는 화석연료의 고갈과 지구온난화 등 미래의 인간 삶 변화를 대비하는 수단으로 고효율 및 친환경적인 요구까지 조명에 대한 시대적 요구는 다양하고 광범위하게 변화하고 있으며 이를 충족시킬 수 있는 새로운 융·복합 조명기술과 신광원에 대한 관심도 크게 높아지고 있습니다.

현재 조명은 정부의 저탄소 녹색 신성장동력산업화를 위한 새로운 산업의 전환점에 놓여 있으며 LED를 응용한 새로운 조명기술의 응용과 융·복합 기술이 절실히 요구되고 있습니다. 세계적으로 국가와 기업의 핵심 경쟁의 원천이 물적자원 위주에서 지식생산 및 활용의 주체인 인적자원 위주로, 기술 자체보다는 인적자원의 역량과 학습능력으로, 量 위주의 인력(Man Power)에서 質 위주의 인력(Human Resource)으로 그 중요성이 전환되고 있는 시점에서 기존 조명산업의 경쟁력을 유지하면서 새로

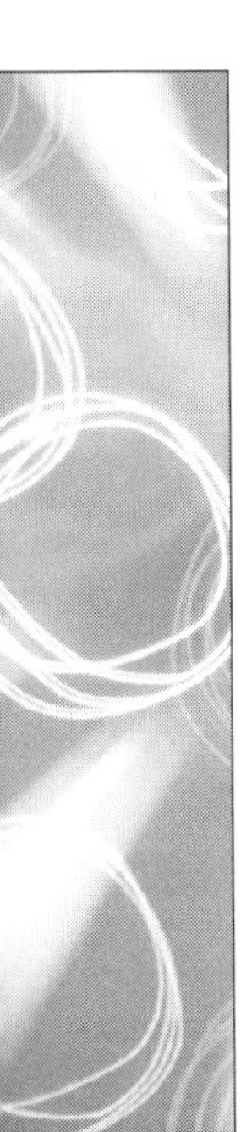

운 LED기술의 빠른 변화에 대응하여 LED조명기술을 발전시키기 위해서는 그 기술의 주체가 되는 기술 인력에 대한 전문화가 우선적으로 이루어져야 하며 이를 위한 다양한 전문 교육과정의 개발과 제반시설 등의 교육 인프라 확충이 필요합니다.

한국조명기술연구소 「차세대 LED조명기술인력양성센터」에서는 2008년부터 정부의 지원사업으로 산 · 학 · 연 · 관 전문가 네트워크의 활용을 통한 LED epi·chip, Package·Module, Lighting application 등 LED분야별 기업 맞춤형 LED조명 교육을 실시하고 있습니다.

이러한 LED조명 전문기술교육을 통하여 산업체의 기술개발 역량 강화와 기존 조명기업의 LED조명으로의 사업전환 또는 신규 사업화할 수 있도록 산업체 needs를 반영한 기술교육을 지원함으로서 국내 LED조명산업이 새롭게 도약할 수 있는 계기를 마련할 수 있으리라 믿습니다.

이 책은 최근의 「LED조명기술」을 기초 이론부터 실무기술에 이르기까지 폭넓게 다룬 것으로 LED 및 조명분야에 관심을 가지고 있는 초급자(학부생)들도 쉽게 이해할 수 있는 수준으로 기술되었습니다.

끝으로 바쁘신 시간에도 본 책자의 내용을 집필해 주신 서울산업대학교 장우진 교수님, 대진대학교 박승옥 교수님, 한국산업기술대학교 이성남 교수님, 한국조명기술연구소 노재엽 박사님, 전자부품연구원 조현민 책임연구원님께 감사를 드리며, 아울러 이 책의 자료를 정리하는데 많은 노력을 아끼지 않았던 한국조명기술연구소 권기태 연구원과 서정진 연구원에게도 심심한 감사를 전합니다. 이 책이 전기 · 전자 · 건축 및 광/조명산업계의 실무자 및 공학도들의 폭넓은 활용으로 2015년 조명산업 Top 7 실현을 기대해 봅니다. 감사합니다.

2009년 7월

한국조명기술연구소
차세대 LED조명기술인력양성센터

센터장/공학박사 황 명 근 拜

목 차

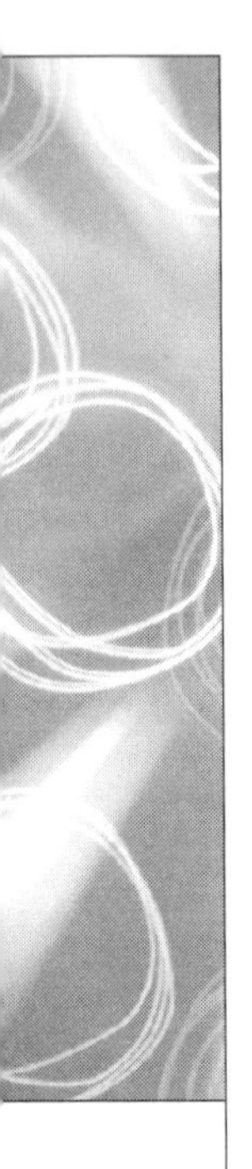

제 1 절. LED광원의 기초

LED(lighting emitting diode)는 반도체 소자의 일종으로 전자회로의 부품이나 정보 전달을 위한 디스플레이 소자에 주로 사용되어 왔으나 1990년대 중반 이후 청색 LED가 양산되기 시작하면서 빛의 3원색인 적색, 녹색, 청색 LED의 조합을 통한 백색 LED의 구현 및 다양한 색의 연출을 통한 풀 컬러화가 가능하게 되었다.

또한 반도체 기술의 발전과 더불어 보다 밝은 빛을 내는 고출력, 고효율의 LED의 개발이 진행되면서 최근에는 기존 일반 조명용 광원을 대체할 수 있는 새로운 광원으로 크게 주목받고 있다.

1. LED의 역사

일반적인 열방사 또는 기체방전과는 달리 고체물질에 전류를 흘렸을 때 빛이 발생하는 현상은 이미 약 100여 년 전 샌드페이퍼의 연마제로 이용되던 카본결정(SiC)에 전압을 인가하였을 때 여러 가지 색의 빛이 발생한다는 기록에서 찾아볼 수 있으나 실제로 SiC 또는 II-IV족 화합물 반도체 등을 이용한 발광현상에 대한 연구가 시작된 것은 1950년대부터이다.

1954년 갈륨포스파이드(GaP), 갈륨아세나이드(GaAs)의 단결정성장에 대한 연구가 진행되면서 1962년 세계 최초로 발광 파장 870nm의 GaAs계 적외 LED가

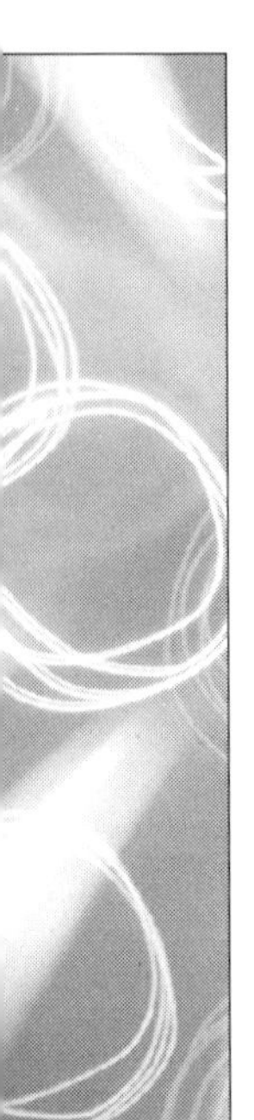

등장하였고 그 후 다른 원소를 첨가하여 성장온도를 변화시킬 때 외부양자효율을 향상시킬 수 있다는 것이 알려지면서 1968년에 AlGaAs / GaAs계의 고효율 적외 LED와 GaP에 N을 첨가한 녹색 LED가 등장하여 리모컨이나 로컬지역의 네트워크 광원, 전화기에 빛이 나는 다이얼 등에 주로 사용되었다.

1980년대 들어서 적색 및 황색의 고휘도 LED에 대한 개발과 함께 풀 컬러 재현에 필요한 청색 LED의 개발도 활발하게 진행되었다. 특히, 1986년 고품질의 GaN 에피타키셜 성장에 의해 청색을 발광시키는데 필요한 p형 전기전도성 제어가 가능해지면서 결국 1992년 최고효율 1.5%의 pn 접합형 청색 LED가 개발되었고 1996년에는 InGaN 청색 LED를 여기원으로 하여 황색 YAG형광체를 혼합한 구조의 백색 LED가 처음으로 발표되어 본격적인 백색 LED 시대가 열리게 되었다.

현재 백색 LED는 개발 후 그 성능이 두드러지게 향상되어 개발 초기의 발광효율이 약 5 lm/W 이하로 주로 휴대전화의 액정 백라이트 광원으로 주로 사용되었으나 현재는 100 lm/W 이상으로 백열전구, 형광램프 등 기존의 일반 조명용 광원을 대체할 수 있는 고효율 친환경 조명용 광원으로 기대를 모으고 있다.

2. LED의 원리와 특성

2-1. LED 원리

LED는 반도체 소자의 일종으로 Light Emitting Diode란 말 그대로 빛을 발생하는 다이오드이다. 그림 1-1 (a)에서 보는 바와 같이 일반적인 반도체소자와 마찬가지로 P형과 N형 반도체의 접합으로 이루어져 있으며 전압을 인가하면 전자와 정공의 결합에 의해 반도체의 밴드갭(bandgap)에 해당하는 에너지를 빛의 형태로 방출한다. 이 때 방출되는 광양자의 파장 λ은 밴드갭 에너지를 E_s [eV]라 할 때

$$\lambda = \frac{1240}{E_s}$$

의 식으로 정의할 수 있으며 반도체 재료에 따라 밴드갭 에너지의 크기가 달라지므로 각종 반도체 재료를 이용하여 다양한 광색의 재현이 가능하다.

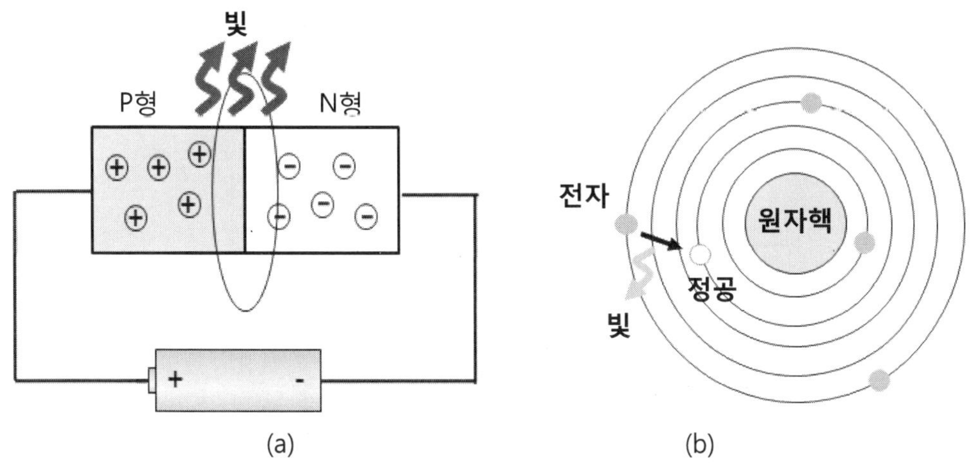

그림 1-1 LED의 발광원리

LED의 발광원리를 설명하기 위하여 간단한 원자모형을 예로 들자. 그림 1-1 (b)에서 보는 바와 같이 원자핵의 주위에는 전자가 일정한 에너지 대를 형성하면서 존재하는데 원자핵에 가까운 전자는 에너지가 낮아 원자핵으로부터 자유롭지 못하고 원자핵으로부터 구속되어 있는 것처럼 보이며(가전자대), 원자핵에서 멀어질수록 전자는 높은 에너지를 가지면서 원자핵으로부터 자유롭게 움질일 수가 있다(전도대). 반도체의 경우 n형 반도체의 전도대에는 전자가 자유롭게 움직일 수 있고 p형 반도체의 경우에는 가전자대에 정공이 존재하며 전도대와 가전자대의 사이에는 전자와 정공이 모두 존재하지 않는 밴드갭이 있다.

pn접합을 형성하고 있는 LED에 순방향의 전압을 인가하면 전자가 p형 영역으로, 정공은 n형 영역으로 각각 이동하게 되는데 이때 p형과 n형의 접합부근에서 전자와 정공사이에 결합과 재결합이 이루어지면서 빛과 열로 에너지를 방출하게 된다.

2-2. LED 특성

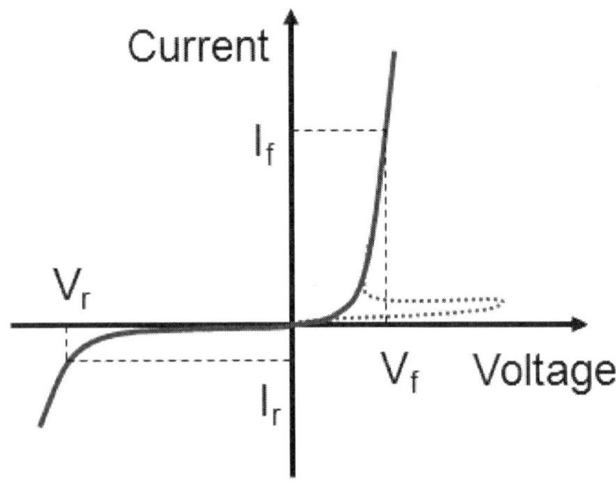

그림 1-2 LED의 전압 특성

LED는 기존의 광원과는 달리 광원 자체에 극성을 가지는 단방향성 소자로 역바이어스에 견딜 수 있는 전압의 크기도 낮기 때문에 LED를 전원에 접속할 때에는 극성에 주의하여야 한다. 특히 교류를 직접 LED와 접속하여서는 안되며 경우에 따라 접속이 꼭 필요한 경우에는 부수적으로 역접합 다이오드를 삽입해야만 한다.

LED를 점등시킬 때에는 인가되는 전압의 변화에 의한 과전류로부터 LED를 보호하기 위해서 전류제한 저항을 LED와 직렬로 접속하여야 하며 전류의 크기 변화가 LED의 밝기에 큰 영향을 미치기 때문에 특히 LED를 병렬 접속하여 사용할 경우 LED의 개수와 전압-전류의 특성을 반드시 고려하여 설계하여야 한다.

조명용 광원으로써 LED는 기존 광원과 비교하여 성능면에서 여러 가지 장·단점을 보이는데 일반적인 성능 비교는 표 1-1과 같다.

표 1-1 LED와 기존 광원의 일반적인 성능비교

특 성	LED램프 (단품)	백열전구	형광램프 (일반형)	HID램프
전광속[lm]	고출력품 50~90 (입력1~2W)	800 (60W)	3,100 (40W)	40,000 (400W)
발광효율 [lm/W]	60~90	10~15	70~90	100
가시광의 에너지변환율 [%]	15~20	8~14	25	20~40
색온도[K]	4,600~15,000	2,400~3,000	4,200~6,500	3,800~6,000
연색성	70	100	80	70~80
수명[h]	통상품 : 수만시간 고출력 : 2만시간	1,000	8,000~12,000	8,000~12,000
발열	열손실 80~90%	열손실+ 적외방사 90%	열손실+ 적외방사 75%	열손실+ 적외방사 80%
응답성	100 [nsec]이하	0.15~0.25 [sec]	1~2 [sec]	밝기 안정에 수분 이상

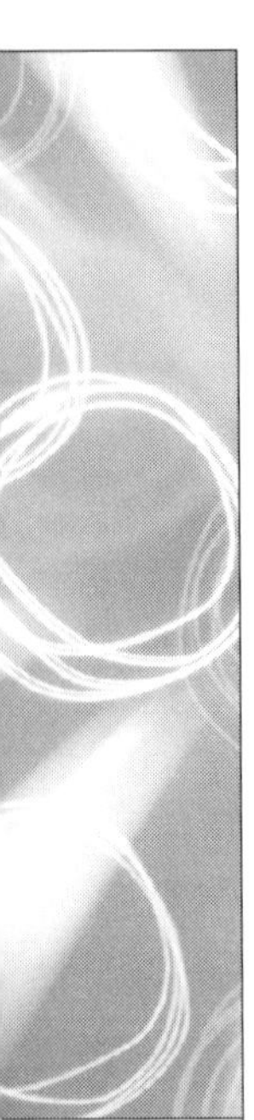

제 2 절. 조명의 기초

1. 조명의 역사

인류에게 있어서 문명을 가져다 준 가장 중요한 원동력은 불(Fire, Light)이라고 말할 수 있으며, 인류가 불을 이용하면서부터 문명은 급속도로 발전하여 왔다. 구석기 시대부터 인간이 불을 사용하여 왔다는 것은 널리 알려진 사실이나 불을 언제부터 사용하기 시작했는지는 추측할 따름이다. 그러나 어둠을 밝히는 조명(Lighting)으로서의 불과 추위를 막아주는 난방(Heating)으로서의 불, 그리고 점차 음식물을 조리(Cooking)하고 흙을 빚어 굽고 쇠붙이를 녹여 각종 기물(器物)[1]을 만들고, 국가의 위기를 알리는 신호에 이르기까지 그 쓰임새가 다양하게 발전하여 왔다.

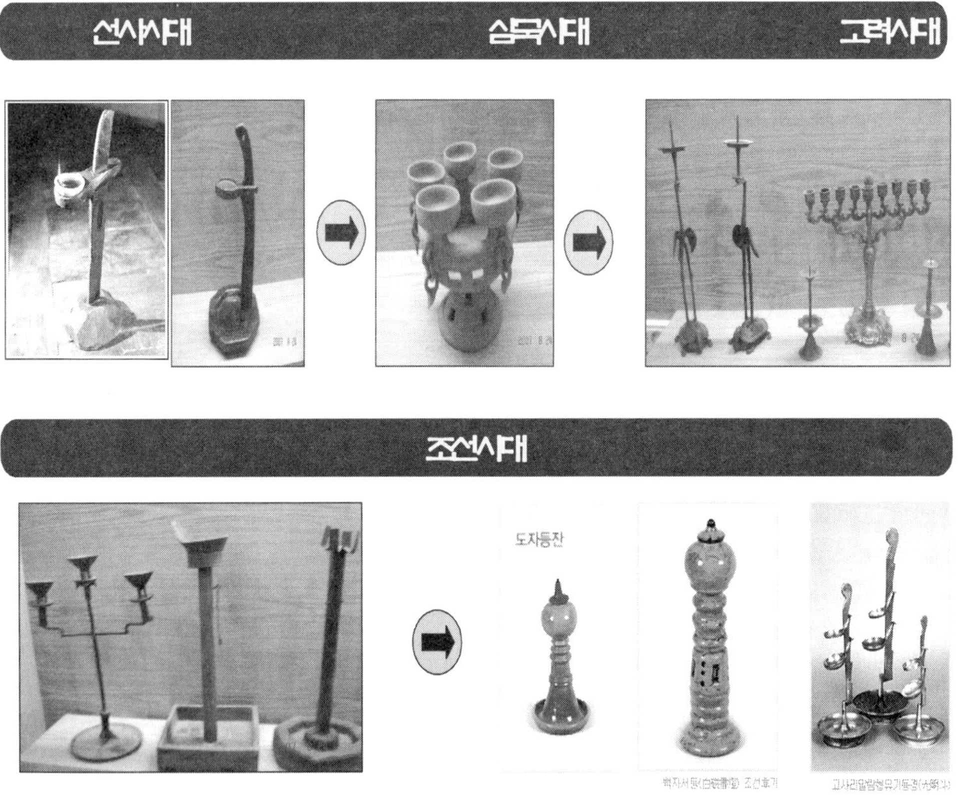

그림 1-3 등잔(燈盞)/조명(照明)의 발달사

1) 기물 (器物) : 농업을 하기 위한 쟁기, 짐승 등을 잡기 위한 칼 등

조명산업의 패러디임 변천

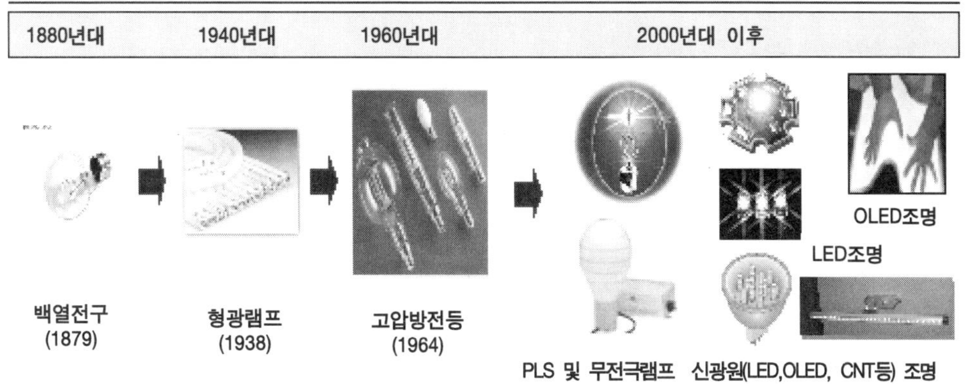

목재를 연소시키거나 동·식물성 기름 등을 이용한 등잔, 호롱불을 조명의 수단으로 사용하던 등화시대 이후 전기를 이용한 최초의 인공 광원은 1802년 Davy가 2,000개의 전지로 파리의 콩코드 광장에 탄소아크 가로등을 점등한 것이 처음이며 1879년 Edison이 면사를 탄화시켜 만든 진공전구가 오늘날 백열전구의 시초로 전기를 이용한 최초의 실용적인 인공 광원이다. 그 후 1931년에는 고압수은램프와 저압나트륨램프가 출현하였고 1938년에는 미국 GE사의 Inman이 Tayler와 함께 개발한 형광램프가 출현하여 현재에도 조명용 광원으로 가장 널리 사용되어지고 있다.

1961년에는 나트륨 증기가 들어있는 발광관을 고온·고압으로 방전시킨 고압나트륨램프와 고압수은램프의 발광관 내에 할로겐화금속화합물을 첨가하여 효율과 연색성 등을 개선시킨 메탈핼라이드램프가 개발되었으며 특히, 최근에는 메탈핼라이드램프의 발광관 재료로 사용되어오던 석영(Quartz) 대신에 고압나트륨램프의 발광관 재료로 사용되어 오던 투광성의 알루미나 세라믹(Alumina ceramic)을 발광관 재료로 이용한 세라믹 메탈핼라이드램프가 개발되어 광색의 안정과 수명 등의 개선을 이루었다.

국내의 경우 1876년 이후 일본에서 석유가 들어오면서 기존의 등잔은 점차 호롱불로 바뀌었고 주로 콩기름, 피마자기름 등의 식물성 기름을 부어 조명에 사용하였다. 특히 석유가 들어오고 남포등이 소개되면서 일부에서는 기름등잔을 석유남포등으로 사용하기도 하였다. 조선 고종 때인 1887년 3월 6일 서울 경복궁 건청궁(乾淸宮)에 국내 최초로 전기가 들어오면서 전기의 문명과 함께 전기를 이용한 인공 광원을 접하게 되었다.

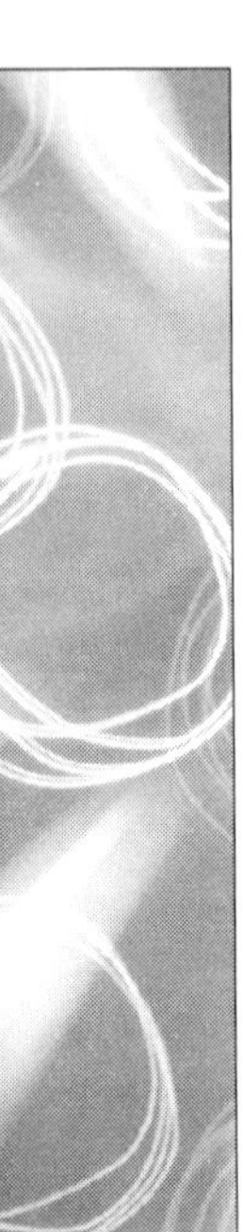

2. LED조명산업의 현황

2-1. LED조명의 발전

조명은 주거생활, 학교, 사무, 도로, 의료, 스포츠, 관광 등 광범위한 인간 활동의 필수품이며, 산업용 조명, 경관조명, 특수조명(반도체산업 등) 등 타 산업분야의 근간을 제공하는 산업이다.

특히 사회, 문화, 환경 등에 미치는 파급효과 크기 때문에 국민 생활의 질적 향상을 제공하는 중요한 역할을 차지하고 있다.

우리나라의 경우 조명기기는 국가 총 전력사용량의 25%를 차지하는데 유가상승으로 인한 에너지절약과 EU에서의 RoHS(특정유해물질 사용제한), WEEE(회수의무규정) 발효, CO_2저감 대책 등 선진국의 환경규제 강화에 대비가 시급한 산업으로 대두되고 있다. 이에 국내에서도 새로운 광원의 수요창출을 위한 기술개발이 진행 중이며 대표적인 광원이 무전극, 무수은램프 및 LED, OLED, CNT 등이다.

이들 광원은 첨단 신기술의 Convergence화로 신산업 창출, 융복합화를 통한 경관조명, 산업용 특수조명 등 관광이나 문화산업에까지 미치는 파급효과가 크고 지속적인 성장 잠재력과 거대한 신 시장을 창출할 수 있는 기술혁신과 신규투자가 유망한 산업으로 손꼽히고 있다.

이들 광원에서 가장 대표적인 것은 LED로써, LED는 낮은 소비전력과 긴 수명, 적색(R), 녹색(G), 청색(B)의 색상제어가 용이한 장점 등을 가지고 있기 때문에 미국, 캐나다, 호주, 독일, 프랑스, 러시아 등에서는 이미 LED를 교통신호등용으로 사용 중에 있으며 1990년대 HP(美), NICHIA(日)사의 청색 및 백색 고휘도(High Brightness ; HB) LED가 개발되면서 21세기에는 기존의 조명용 광원을 대체할 새로운 광원으로 LED조명의 상용화가 가시화 되고 있다.

우리나라의 경우에도 디지털 조명(digital lighting)이라고 할 수 있는 고휘도 LED를 이용한 교통 신호등에 대한 국내 규격이 이미 제정되어 에너지절약 측면에서 사용이 크게 확대되어질 전망이며 LED의 광 특성이 크게 향상되어짐에 따라 조명용으로의 적용 및 필요성이 대두되고 있다.

현재, 식별성을 요구하는 조명시장 즉, 손전등, 사인, 간판용 등에 LED의 보급이 크게 확산되고 있으며 기존 백열전구 및 할로겐램프 대체용으로 PAR 및 MR 계열의 다양한 LED램프가 출시되고 있다.

그림 1-4 HB LED의 종류

이외에도 고출력 보안등, 투광등, 형광등 대체용 등의 고휘도 Power LED 응용 제품이 출시되기 시작하여 정부의 시범보급사업(부산 서면역, 광주 DJ센터, 대구 반월당역, 대전 가오동 우체국 등) 등을 통하여 LED조명이 크게 활성화될 것으로 전망되고 있으며 한국조명기술연구소의 경우 LED조명기기에 대한 30여건의 연구개발 추진과 함께 2009년 10월에는 LED조명 운영센터 및 체험관 신축(LEDMC, 상동 호수공원)으로 LED조명을 이용한 에너지제로공원을 선포하기에 이르렀다.

2-2. 조명기업의 변화

근래에 들어 세계적인 다국적 조명업체와 LED업체가 서로 합작법인을 설립, 초고휘도 LED조명으로서의 광원개발에 주력하고 있다. 특히, Osram과 지멘스(반도체)사의 합작, HP Agilent사와 Philips사가 합작한 LumiLeds사, GE조명과 Emcore사가 합작한 GELCore 등 새로운 합작사가 생겨나고 있으며 국내에서도 서울반도체, 삼성LED, LG이노텍, 루미마이크로, 이츠웰, 나이넥스, 포트론, 옵토웨이 등 약 45개 회사에서 고휘도 Power LED 연구개발에 박차를 가하고 있다. 또한 금호전기, LG이노텍, 반디라이트, 중부전기전자, 대진디엠피, 화우테크, 목산전자, 루멘스, 에디슨쏠라이텍, 일루텍 등 400여개의 기업도 LED 및 LED광원류 등의 각종 조명용 LED램프에 대한 기술개발과 함께 제품을 시판하고 있다.

그림 1-5 국내 조명기업의 변화

앞으로 국내 LED조명산업은 LED조명기기의 15개 품목에 대한 "LED조명 표준화" 및 정부의 "LED조명 15/30 보급" 정책, LED산업의 저탄소 녹색 신성장동력 산업화 정책 등에 의한 시너지를 통해 조명분야에서 새로운 시장을 형성함과 동시에 각 관련기업들의 응용기술에 대한 각축장이 될 것으로 예상되어진다.

3. 환경과 조명

사람이 상쾌하고 원활하게 활동하려면, 사람에게 알맞은 공기와 조명환경이 필요하다.

20~25℃의 온도, 50~70%의 상대습도, 시간당 30m3의 환기량, 1cc 중 약 1,000개 이하의 먼지가 있는 깨끗한 공기를 유지함으로써 쾌적한 공기환경이 얻어진다. 그리고 물체를 보기 쉬운 밝은 환경과 시각적으로 안락한 분위기를 이룩함으로써 쾌적하고 건강을 지키는 알맞은 조명환경을 얻을 수 있다.

시각은 우리들에게 물체의 형태, 색채, 밝음, 운동을 알리며, 우리들이 갖는 지식의 80%는 시각으로써 얻어진다고 볼 수 있다. 사람에게 쾌적한 조명환경은 주광채광이나 인공조명을 적절하게 실시함으로써 얻어진다.

인류가 오랜 세월 자연계에 적응되어 왔으므로 주광조명이 가장 자연스럽고 건강적이라 할 수 있다. 그러므로 인공조명은 주광이 부족할 때 보충하는 것이기는 하지만, 주광의 질과 양에 근사한 전등조명을 한다면 밝음이 심하게 변동하는 주광조명을 능가하게 될 것이다. 인공조명은 주로 전등으로 이루어지고 있으며, 전등도 백열전구로부터 형광등, 나트륨등, 메탈핼라이드등으로 발전되어 높은 효율, 긴 수명, 좋은 광색의 우수한 광원을 얻고 있다. 이들 빛을 실제로 적용하는 여러 가지 조명방식이 우리 생활을 편리하고 쾌적하게 돕고 있다.

3-1. 에너지 절약

과거 두 차례의 에너지 파동을 겪으면서 다양한 에너지 절약 대책이 발표되고 실행되었다. 그 중에서도 기억에 남는 것이 "한 등 끄기", "네온사인 소등", "심야 사무실 조명 소등"과 같은 조명 부문에서의 에너지 절약 활동이다. 이와 같은 조명 부문에서의 에너지 절약은 확실한 효과를 가지며, 지금도 일부 지방 자치 단체에서는 간선도로의 가로등 소등과 같은 대책을 내놓고 있는 실정이다.

그러나, 이와 같이 소등에 의하여 조명 에너지를 절약하게 되면, 사무실이나 공장에서는 작업능률의 저하, 기기의 오작동, 불량률 증가 등의 현상이 나타나고, 네온사인이나 심야 사무실 소등(건물의 표면, 외곽부) 등은 건물에 대한 인지도 저하, 광고효과 저하를 가져오며, 도로에서 가로등의 소등은 교통사고 증가, 범죄 증가(특히, 강력범죄가 경범죄보다 더 증가함)의 직접적 원인이 된다. 즉, 소등에 의한 에너지 절감은 당장의 전기료 절감과 발전소의 부하용량 저감에는 효과가 있겠으나, 이로 인하여 야기되는 경제적 손실은 훨씬 더 크다는 것을 감안하여야 한다.

조명 부문의 에너지 절감과 그에 따른 부작용을 방지하는 방법으로 고효율 조명기기의 사용이 최적의 방안이 된다. 고효율 조명기기를 효과적으로 사용하여 기존의 조명환경을 악화시키지 않으면서 조명 에너지는 절약할 수 있는 일거양득의 효과를 얻는다. 또한, 고효율 조명기기는 전반적으로 고기능에 대응하는 신제품인 것이 많으며, 이에 사용의 편의성까지 추구할 수 있다.

고효율 조명기기의 사용으로 절감할 수 있는 조명부하의 총량을 추산해 보면 다음과 같다. 현재 우리나라의 총발전량은 약 6,800만 [kW](2007년 기준)으로 추정된다. 이 중에서 조명용은 약 20%가 된다. 이 값은 경제의 발전과 더불어 계속 증가하며 미국의 경우 약 23% 정도가 되는 것으로 알려져 있다. 고효율 조명기기를 사용하면 크게는 80% 정도(백열전구 100 [W]를 콤팩트 형광등 20 [W]로 대체), 적게는 20% 정도(반사율이 80% 정도가 되는 기존의 반사갓을 반사율 95% 정도의 고조도 저휘도 반사갓으로 교체)의 에너지 절감이 가능하다. 이와 같은 고효율 기기의 사용은 꾸준히 증가하는 추세이며, 전체적으로 교체된 기기를 감안하여 20% 정도의

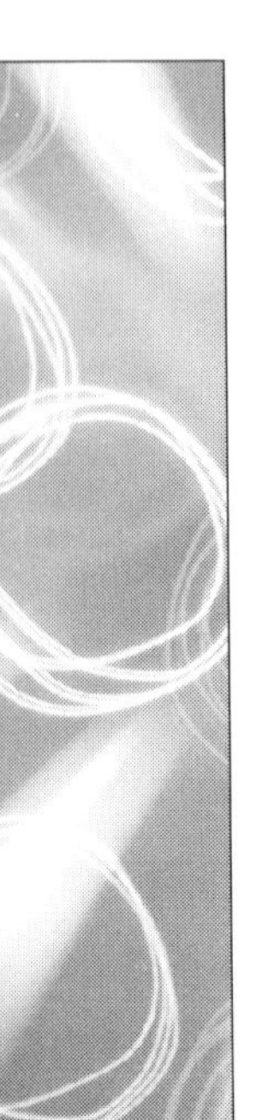

효율 증가가 가능하다고 예상한다. 이와 같은 근거로 조명부하 감소량을 계산해보면 다음과 같다.

$$6{,}800\text{만 kW} \times 0.2 \times 0.2 = 272\text{만 [kW]}$$

원자력 발전소 1기의 용량이 약 100만 [kW] 인 것을 감안하면 이와 같은 부하의 절감량은 원자력발전소 2기 이상에 해당하는 막대한 크기가 되는 것을 알 수 있다.

발전량을 줄일 수 있다는 점은 최근 국제사회에서 큰 관심을 가지고 있는 이산화탄소 방출 감소에도 직접적으로 작용한다.

고효율 기기를 사용하면 소비자의 입장에서는 전기의 사용을 줄일 수 있고, 이것은 지불하는 전기요금의 절감으로 연결된다. 발전량을 줄여서 얻는 경제적 이득은 1회성인 반면, 사용자가 지불하는 전기요금 절약은 매년 누적되는 것으로서, 이 금액도 위와 유사한 계산법을 적용하여 구해보면, 2007년 우리나라의 전력량 판매량은 약 36만 GWh로서 1 kWh 당 전기요금을 100원으로 가정하면

$$36\text{만 GWh/년} \times 0.2 \times 0.2 \times 100\text{ 원/kWh} = 1\text{조 } 4{,}400\text{ 억원/년}$$

이 된다.

3-2. 환경 규제

에너지 절감에 이어 최근 유럽을 중심으로 가장 큰 관심을 끄는 것이 친환경 제품의 개발이다.

유럽연합은 WEEE(Waste Electrical and Electronic Equipment), EEE(Electrical and Electronic Equipment), RoHS(Restriction of Hazardous Substances), ELV (End of Life Vehicle)의 4개 지령(Directive)을 발표하여 강력한 환경규제를 실시하고 있다. 이에 따르면 유럽 시장에서는 2006년 7월 1부터 지령에 발표된 사항들을 이행하는 것으로 되어있다. 이 중에서 조명부문에 직접적으로 영향을 주는 것이 WEEE의 부속서인 RoHS이다.

RoHS는 환경에 영향을 주는 6개 물질(납, 수은, 카드뮴, 6가 크롬, PBB(Polybrominated Biphenyles), PBDE(Polybrominated diphenyl ethers)에 대한 사용을 금지하는 것으로서 수은과 납에 대하여는 다음과 같은 예외 조항을 두고 있다.

- 콤팩트 형광램프에 포함되는 수은 〈 5 [mg]
- 직관 형광램프
  - 할로인산 형광체 사용 〈 10 [mg]
  - 3파장 형광체 사용 〈 5 [mg]
  - 장수명 3파장 형광체 사용 〈 8 [mg]
- 특수용도 램프에 사용되는 수은
- CRT 유리에 포함된 납
- 고온 용융 접합제에 포함된 납
- 서버와 통신장비의 납땜에 포함된 납(2010년 까지)

이 중에서 수은은 현재 일반 조명용으로 사용되는 모든 방전등의 제조에 들어가며, 이에 선진 각국은 수은의 사용을 최대한 줄이거나 사용하지 않는 광원의 개발에 전력을 투구하고 있다.

미국에서는 환경성(EPA)에서 독극물에 대한 규제법안을 마련하여 TCLP 인증제도 등을 수행하고 있으며, 또한 저효율 백열전구, 콤팩트 형광램프의 제조를 금지하고 있다.

일본에서는 유럽과 미국에서 시행되고 있는 각종 법안을 자국의 형편에 맞도록 재빠르게 대응해 나가고 있는 추세이다.

3-3. 조명과 생활

3-3-1. 조명의 필요성

빛은 공기나 물과 같이 생명에 꼭 필요한 것이다. 조명의 목적은 빛을 사람생활에 소용되게 하는 것으로 사람의 건강을 지키고, 쾌적한 생활을 이루도록 하는 조명이 되어야 한다. 즉, 물체를 명확히 보고, 안전을 유지하면서, 쾌적하게 그리고 능률적으로 일을 수행할 수 있도록 하는 것이다.

3-3-2. 조명과 피로

고대인은 밝은 낮에는 옥외의 자연광 아래서 농사, 수렵 등 야외에서 단순노동을 하고, 밤에는 모닥불을 둘러싸고, 낮에 수렵하거나 걷어들인 것들을 굽거나 끓여먹으면서 즐기고, 자는 것이 생활이었다. 사람이 출현한 이래 수십만 년간 인류는 낮의 밝은 자연광 아래서 활동하는 데 익숙해 왔다. 그러나 전등이 보급되면서

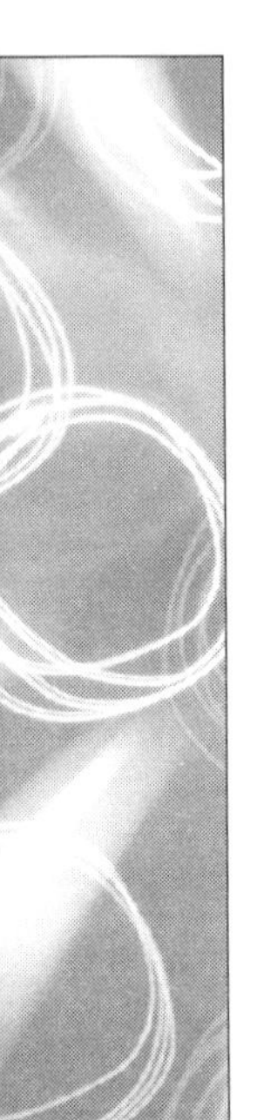

수십 년 사이에 밤에도 낮과 똑같은 일을 하게 되고, 그 일도 매우 세밀하고 복잡해졌다.

인체의 피로는 전시의 피로와 국부의 피로 또는 정신의 피로 등으로 나누어서 생각할 수 있다. 예컨대, 달리고 나 후에 일어나는 피로는 전신피로와 발의 피로가 주이고, 영화를 보고 난 후의 피로는 눈의 피로와 정신피로가 주이다. 조명에서는 눈의 피로가 가장 중요하지만 정신피로는 눈의 피로와 관계하고, 그 위에 전신피로로 번질 가능성도 있다.

눈의 피로는 피로감이 눈의 아픔, 두통, 어깨의 뻐근함 등으로 쉽게 인식된다. 이것을 객관적으로 계측하기 위하여 시력이나 눈의 깜박임 횟수, 심장고동 및 안구근육의 수축상태 등으로 측정하였으나 눈의 피로와 직접 연결이 되지 않는 경우도 있다. 조도에 따른 조절시간 실험으로 조도가 높아질수록 눈의 피로가 적어진다는 보고도 있다. 눈의 피로에 따라서 나타나는 중추신경의 피로, 즉 뇌의 피로도 사람의 건강에 중요하다. 뇌는 여러 가지 인체장기의 동작을 자율적으로 제어하는 기능이 있다. 뇌의 피로에 의하여 이들 기관의 기능이 이상하게 되는 경우가 있는데 이를 자율신경실조증이라 한다.

걱정되는 일이나 피로가 축적되면 식욕이 떨어지고 위통이 나타나는 사람도 있다. 이 증상은 뇌의 피로에 의하여 자율신경의 실조가 지속되면 위궤양 질환도 일어나는 경우가 있어, 조명에 의한 뇌의 피로도 사람의 건강을 유지하는데 중요하다.

3-3-3. 조명과 작업능률

조명의 양이 부족하거나 조명의 질이 나쁘면, 물체의 보임이 떨어질 뿐만 아니라 시간이 경과함에 따라 피로를 일으키고 근시 등의 원인이 되며, 작업능률도 떨어지고, 생산 등에 영향을 미친다. 그림 1-6은 조도와 작업량 관계를 나타내며 표 1.2는 조도 증가에 따른 생산성의 증가를 나타낸 것으로서, 소량의 조명비증가로 다량의 생산성 증가를 얻을 수 있음을 나타내고 있다.

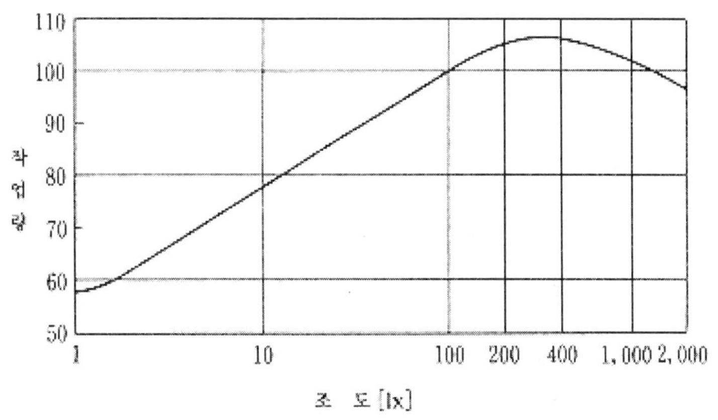

그림 1-6 조도와 작업량

표 1-2 조도 증가에 따른 생산성 증가

<table>
<tr><th>작 업</th><th>구조도
[lx]</th><th>신조도
[lx]</th><th colspan="2">생산성 증가
[%]</th><th>조명비 증가
[%]</th></tr>
<tr><td rowspan="4">철제조차</td><td rowspan="4">26</td><td rowspan="4">58</td><td>선 반 35</td><td rowspan="4">22</td><td rowspan="4">5.5</td></tr>
<tr><td>볼 반 16</td></tr>
<tr><td>나사파기반 6</td></tr>
<tr><td>홈파기반 22</td></tr>
<tr><td>용 접</td><td>84</td><td>116</td><td colspan="2">12</td><td>2.5</td></tr>
<tr><td>편물공장</td><td>78</td><td>200</td><td colspan="2">10.8</td><td>-</td></tr>
<tr><td>양말공장</td><td>78</td><td>250</td><td colspan="2">13</td><td>-</td></tr>
<tr><td>복지직포</td><td>21</td><td>118</td><td colspan="2">25</td><td>-</td></tr>
</table>

그리고 균등하게 밝은 실내의 시력은 조도와 더불어 상승하지만 보려는 대상물만 밝게 하고 주위가 심하게 어두운 경우는 시력의 상승도 둔화되고, 조도가 약 1,000 lx 이상에서는 시력은 떨어진다. 이와 같이 조명의 질이 작업에 미치는 영향이 크다.

그리고 시야 내의 휘도의 분포는 물론 시야 밖의 휘도 환경도 작업능률에 영향을 미친다. 따라서, 높은 조도에서는 광원의 개수나 휘도가 증가하면 눈부심이 일어나기 쉬우므로 작업능률의 저하도 생기기 쉽다. 그러나 일반적인 작업에서는 눈부심을 느끼지 않는 범위에서는 조도가 높을수록 작업능률이 높아진다. 그 이유는 조도가 높아지면 시력이 증진하며, 명시의 깊이가 깊어지고, 밝으면 기분이 명랑해져서 작업이 촉진되기 때문이다.

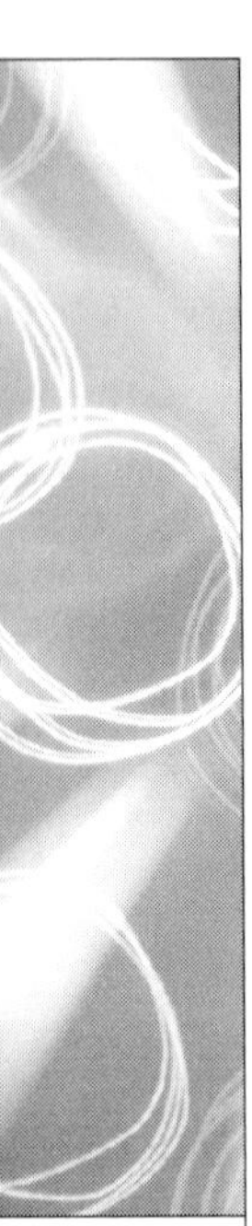

3-3-4. 근시와 조명

사람은 지식의 85 %는 시각을 통하여 얻어지고, 육체노동의 80~90 %는 눈에 의하여 기능이 제어되고 있으므로, 일상업뭉에서 요구되는 전체 움직임에는 눈이 필수적이다. 그러므로 조명과 노동생산성의 관계는 불가분의 관계에 있다고 볼 수 있다. 일부를 제외하고는 유아의 눈은 매우 건강하며, 근시가 일어나는 것은 8~20 세 정도까지의 청소년 시기라고 보고 있다. 그런데 이 시기는 수험공부에 의하여 눈을 혹사하는 시기이기도 하다.

우리나라 학생들의 근시율은 초등학교 1학년 학생의 경우 평균 11 %, 6학년이 되면 40 %, 중학교 3학년에서 60 %, 그리고 고교 2학년에서 70 %로 증가되고 있다는 보고가 있다. 이와 같이 근시의 원인으로는 과도한 독서, TV 시청, 불량한 조명, 그리고 편색도 그 원인으로 들고 있다. 눈의 모양체의 피로는 근시의 발생과 직접적인 관계가 있으며, 조명의 가부는 모양체의 피로와 관계가 있다. 근시예방으로는 좋은 조명환경, 책으로부터 30~40 cm 떨어진 명시거리에서 읽는 습관, 1 시간 독서 후 10 분 이상 눈의 휴식, 그 외에 적절한 운동, 편식지양과 정기적인 시력검사를 들 수 있다.

3-3-5. 사람의 나이와 조명

사람의 시각기능은 나이가 많아짐에 따라 저하되어, 명암의 식별기능이 감퇴되고 눈부심에 의한 시력저하와 같은 징후가 두드러지게 나타난다. 사람은 나이가 들면 수정체와 모양근의 기능이 저하되어 아주 가까운 곳에는 초점을 맞출 수 없게 된다. 이와 같은 경향은 개인의 차이는 있지만 40대 후반이 되면 30 cm 정도의 거리에 있는 것에는 초점을 맞추기가 어렵게 되는 노안현상이 나타난다.

그림 1-7은 시력과 연령의 관계를 나타내고 있다. 어린이와 노인은 시력이 상대적으로 떨어짐을 볼 수 있다.

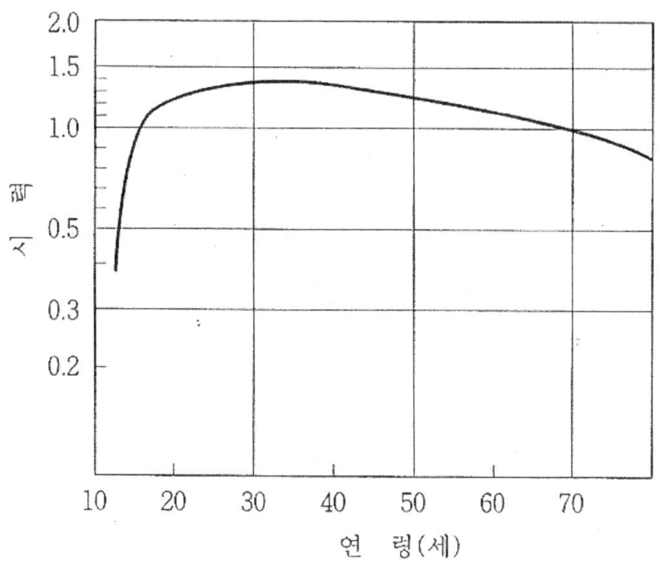

그림 1-7

나이가 많아지면 망막의 감도가 떨어질 뿐만 아니라, 동공의 축소나 수정체의 광투과율저하 등의 현상이 나타나서 밝기에 대한 느낌이 감퇴되는 것이 보통이다. 이같은 현상을 해결하려면 노인들을 위하여 조명을 개선하여야 한다. 북미조명학회(IESNA)의 실험에 따르면 20 세를 기준으로 할 때, 60 세는 약 2배, 70 세는 약 2.6배, 80 세는 약 3.4배의 밝기가 필요한 것으로 나타났다.

3-3-6. 조명과 안전

(1) 조명과 안전

조명과 안전 사이에는 밀접한 관계가 있다. 도로조명의 경우 조명설치에 의하여 야간교통사고는 고속도로에서 40 ~ 60 %, 지방간선도로에서 30 ~ 70 %, 시가도로에서는 20 ~ 55 % 감소하였다는 국제조명위원회(CIE)의 조사통계보고가 있다. 그리고 뉴욕(1975)의 조사결과에 따르면, 도로(주로 가로, 주택가로)에 조명등을 설치함으로써 각종 범죄의 발생건수가 감소되었다고 한다.

한편 공장에서도 조명을 개선함으로써 생산이 증가될 뿐 아니라, 사고 건수가 줄고, 피로에 의한 결근도 적어진다는 보고가 있다. 이와 같이 조명과 사고나 범죄의 발생, 즉 안전성과의 사이에는 밀접한 상관관계가 있다.

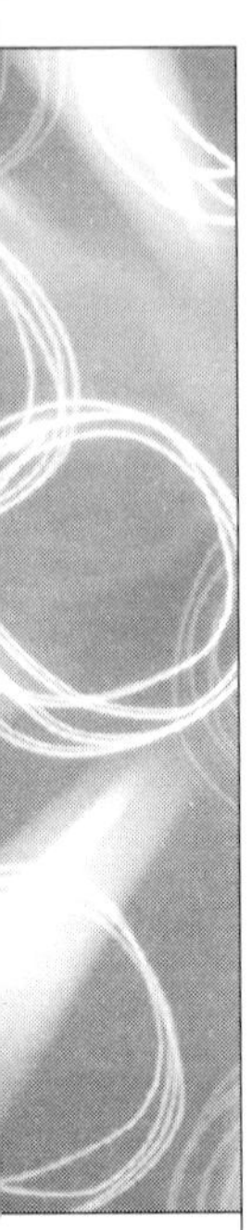

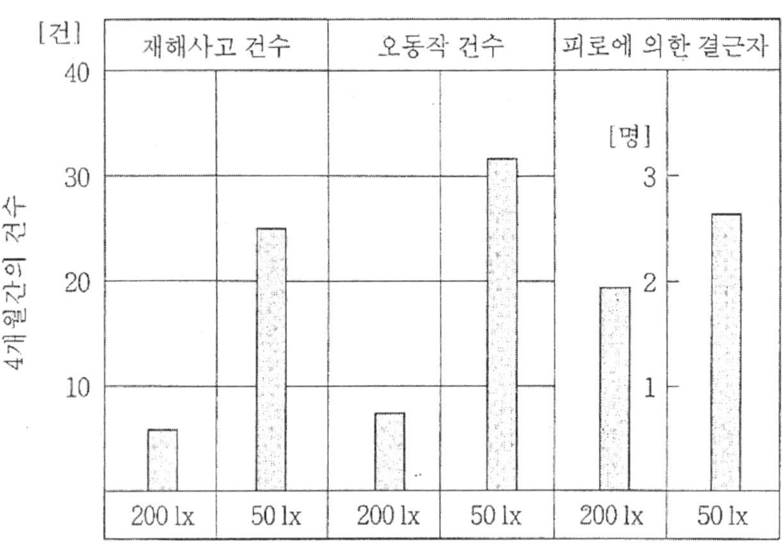

그림 1-8

(2) 조명과 범죄

밝음은 범죄심리와도 관계가 있는 것으로, 일반적으로 밝은 장소에서는 범죄가 적고, 어두운 장소에서는 많다. 예컨데, 동경의 우에노역의 조명을 개선하여 약 9배로 밝게 하였더니, 구역 내의 범죄가 약 30 % 감소하였다. 도로조명에서의 범죄방지효과도 무시될 수 없다(그림 1-9).

범죄의 종류	50 100%
날 치 기	35%
차 량 도 둑	44%
강 도	56%
상해, 살인	78%

그림 1-9

(3) 빛에 의한 눈의 상해

자외선 중 300 nm 보다 파장이 짧은 것이 눈에 닿으면, 대개 각막에서 전부 흡수되어 각막을 손상시키는 각막결막염이 생긴다. 스키를 탈 때 설면의 반사광에 의한 경우와 살균등, 탄소아크등, 용접광을 직시함으로써 때때로 발생한다.

300 nm를 초과하면, 각막을 투과하여 안구 내의 수정체에 흡수되지만, 손상을 입히는 일은 거의 없다. 380 nm 이상의 가시광선은 망막에 도달하고, 만약 광원의 휘도가 매우 높으면 화상을 입는다. 이것이 황반화상이다. 그림 1-10에 이들의 관계를 나타낸다.

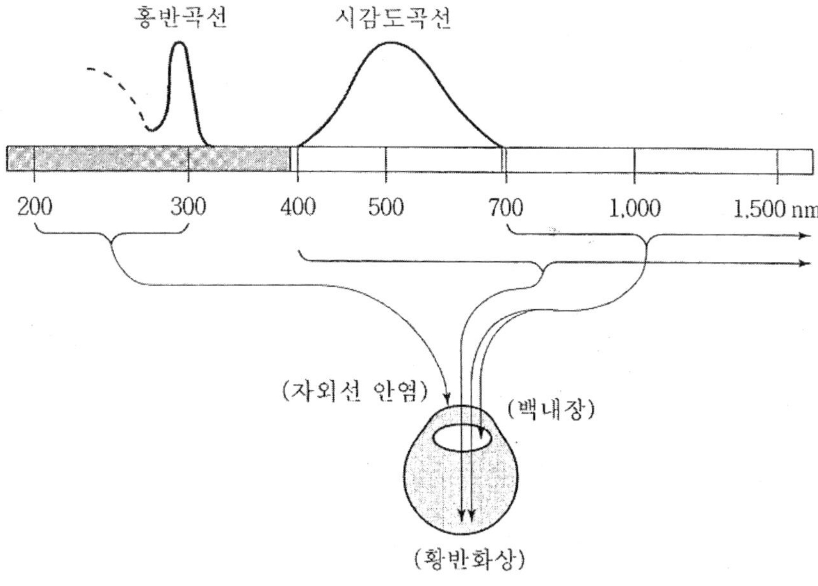

그림 1-10

또한 다량의 적외선에 의하여 일어나는 수정체의 혼탁현상인 적외선백내장이 유리나 단조 작업자 등에게 때때로 일어난다. 이것은 긴 세월에 걸쳐서 적열된 유리나 철을 직시하는 작업에 종사함으로써 일어나는 직업병의 일종이다. 이들과 관계된 눈의 상해원인과 예방법을 표 1-3에 나타낸다.

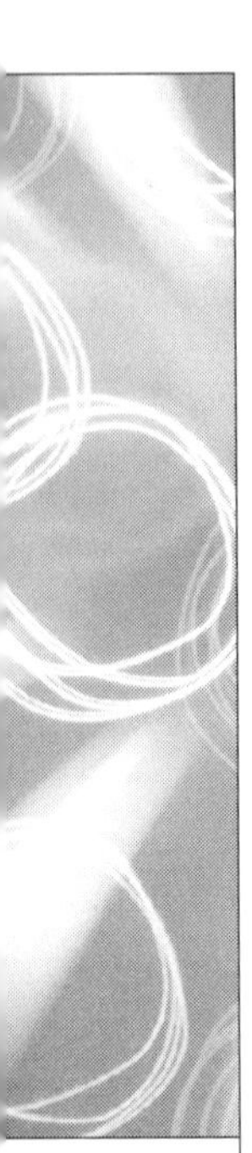

표 1-3 자외선과 적외선에 의한 눈의 상해

병 명	원 인	증 상	예 방	예 후
자외선안염	설면의 반사 탄소아크등 살균등 용접광	아픔 충혈 눈물이 나온다	보호안경	2~3일로 완치
황반화상	태양직시시 용접광, 탐조등 직시	시력장애 시야 중심부의 암점	보호안경 적당한 필터	경증은 괜찮으나 중상은 낫지 않는 경우도 있다
적외선백내장	대량의 적외선	시력장애	보호안경	수술로 어느 정도 회복

4. 빛과 시각

4-1. 빛

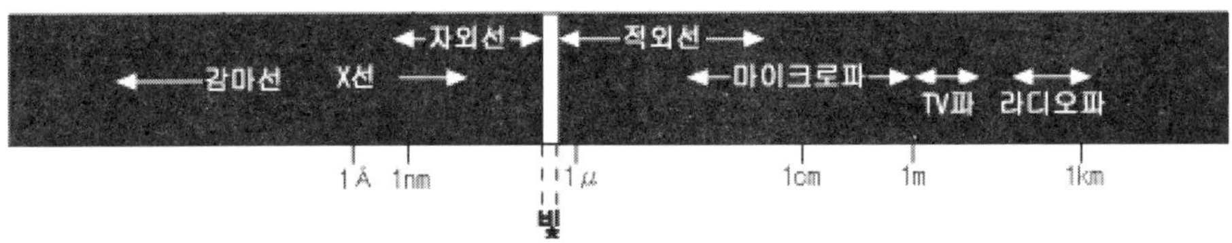

그림 1-11 전자기파 스펙트럼

빛은 가시적인 방사 에너지로서 전자기파의 일종이다. 방사 에너지라는 특성에 의해 빛이 전파되는 데에는 중간 개입 물질(매질)이 필요 없다.

전자파는 주파수나 파장에 관계없이 속도가 일정하며 진공 중에서 초속 30만[km]가 되는 것으로 알려져 있다. 따라서, 파장과 주파수는 반비례관계를 가지게 되며, 즉, 파장이 길면 주파수가 낮고, 파장이 짧으면 주파수가 높다. 전자파가 가지는 에너지는 주파수에 비례한다. 이와 같은 사실을 식으로 표현하면 다음과 같다.

전자파의 속도 = 파장 × 주파수

$$c = \lambda \times \nu = 2.998 \times 10^{8}\ [\mathrm{m/s}]$$

전자파의 에너지 $e = h \times \nu$ [J]

여기서 $h = 6.626 \times 10^{-34}$ [J·s]

그러나, [J] 단위로 가시파장의 에너지를 표시하면 매우 작은 값이 나오게 되므로 이 크기에 적당한 다른 에너지 단위, 즉 [eV]를 주로 사용한다. [eV] 단위와 [J] 단위 사이에는 다음과 같은 관계가 성립한다.

$$1\ [eV] = 1.6022 \times 10^{-19}\ [J]$$

전자파를 파장에 따라서 나누어보면 파장이 짧은 쪽에서 길어지는 쪽으로 우주선 - 감마선 - X선 - 자외선 - (가시)광선 - 적외선 - 라디오 전파의 순으로 된다.

가시광선은 이와 같이 전자파 중에서 어느 특정 파장이 눈에 밝음의 느낌을 주는 것이다. 눈에 보이는 가시파장은 개인에 따라 정도의 차이는 있으나 대략 380 [nm] ~ 760 [nm]가 된다. 위에 주어진 식을 사용하여 가시파장의 에너지를 계산하면 5.23×10^{-19} ~ 2.61×10^{-19} [J], 즉, 3.26 ~ 1.63 [eV]가 된다.

이것을 눈에 느껴지는 색상으로 표현하면 보라, 파랑, 초록, 노랑, 주황, 빨강의 무지개 색상이 된다. 만약, 전자파의 파장이 380 [nm]보다 짧으면 눈에 보이지 않고, 살균 효과나 화학작용을 일으키는 자외선이 되고, 전자파의 파장이 760 [nm]보다 길면 다시 눈에 보이지는 않으면서 온열감을 주는 적외선이 된다. 이와 같이 전자파는 파장에 따라 눈에 밝음의 느낌을 주거나 주지 않을 수 있으며, 이것은 파장에 따라 보이거나 보이지 않을 수 있음을 의미한다.

눈에 보이는 파장이라도 파장에 따라서 눈에 밝음의 느낌을 주는 자극의 정도는 각기 다르며, 555 [nm]의 파장이 눈에 가장 밝은 느낌을 준다. 이것을 정량적으로 표현하면 555 [nm]의 전자파 1 [W]를 눈에 쪼이면 인간의 눈은 이것을 683 [lm]의 밝기로 인식한다. 다시 표현하면 555 [nm]의 가시광선은 683 [lm/W]의 효율을 가지며, 이것이 이론상의 최대 효율이다.

555 [nm]보다 파장이 길거나 짧으면 밝기의 감각이 상대적으로 약해지며 이것을 555 [nm] 파장과 비교하여 상대적으로 표현한 것을 비시감도 곡선이라 하며 그림 1-12에 나타내었다.

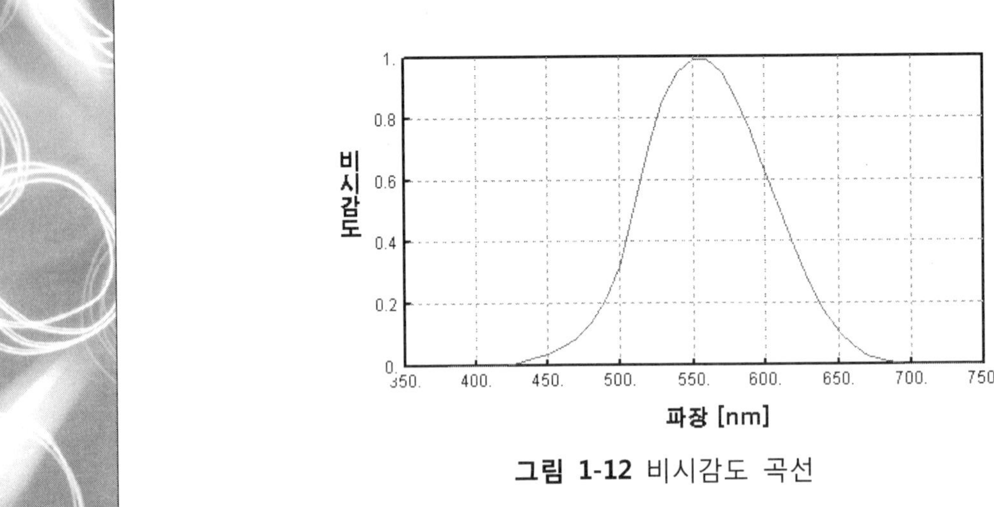

그림 1-12 비시감도 곡선

4-2. 인간의 시각

색 시각은 대상체로부터 눈에 들어오는 빛의 파장 구성에 대해 느껴지는 감각인데, 이는 대상체 주변에서 들어오는 빛의 파장 구성에 따라서 달라진다. 또한 관측자의 기억이나 심리적 상태에 따라서도 달라지므로 색을 객관적으로 정량화하는 일이 매우 어렵다. 본 장에서는 눈의 기능을 중심으로 시각 신호 처리, 색 지각 메커니즘, 그리고 색 시각 특성에 대해 간략히 다룬다.

4-2-1. 눈의 기능

(1) 광학적 구조

눈을 정면에서 보면 그림 1-13과 같이 검은 눈동자와 이를 둘러싼 흰자위(공막)로 이루어져 있다. 검은 눈동자는 투명한 각막으로 덮여 있고 각막 안쪽에는 홍채가 있어 적당한 세기의 빛이 눈에 들어가도록 동공의 크기를 조절한다. 홍채는 색소를 포함하고 있어 반사된 빛이 색을 띤다. 인종에 따라 색소의 종류가 달라 일반적으로 서양인은 푸른색을, 동양인은 갈색을 띤다. 동공으로 들어간 빛은 거의 되돌아 나오지 않기 때문에 동공은 검은색을 띤다.

그림 1-14는 눈의 단면을 간략하게 나타낸 것이다. 각막에서 굴절되어 동공 안으로 들어온 빛은 수정체에 의해 망막에 상을 맺게 된다. 이때 멀리 있는 물체에 대해서는 모양체근이 이완되어 수정체가 얇아지고, 가까이 있는 물체에 대해서는 모양체근이 수축하여 수정체가 두꺼워 짐으로서 원근 조절이 이루어진다. 망막에는 빛의 세기를 전기적 신호로 바꾸는 광수용기가 분포되어 있는 데, 특히 밀집되

어 있는 곳을 중심와라 한다. 광수용기와 연결된 시신경이 안구를 뚫고 나가는 부분을 맹점이라 하는데, 이 곳에는 광수용기가 존재하지 않기 때문에 상이 맺히더라도 감지되지 않는다.

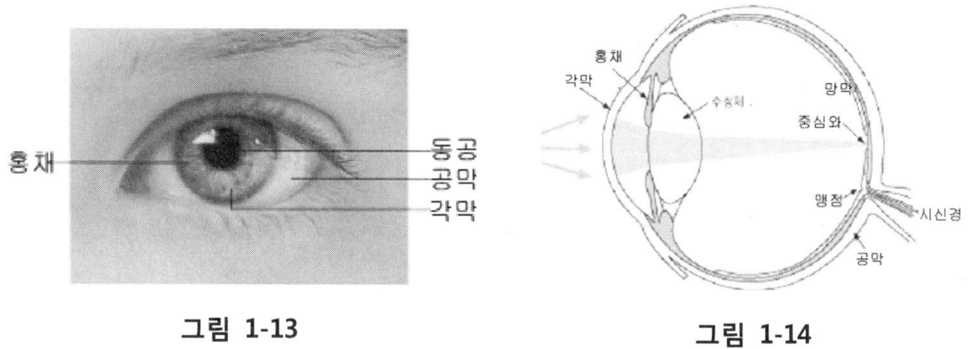

그림 1-13

그림 1-14

(2) 광수용기

광수용기는 외절(outer segment)에 있는 디스크 속에 시각 색소 분자들을 담고 있다. 시각 색소 분자는 옵신이라는 단백질과 빛에 반응하는 레티날로 구성되어 있다. 레티날이 빛에너지를 흡수하면 그 모습이 바뀌면서 전기적 신호가 생성되고 옵신으로부터 분리되어 버린다. 빛 에너지가 증가할수록 전기적 신호의 주파수가 높아지고 이에 따라 레티날이 분리되는 색소분자의 수가 증가된다, 레티날이 분리되면 망막의 붉은 색이 엷어지는 색소 표백(Pigment bleaching)이 일어나는데, 디스크 속의 색소 분자가 전부 표백되면 망막이 투명하게 된다. 표백된 시각 색소 분자가 다시 재생되기 위해서는 레티날과 옵신이 재결합 되어야 하는데, 이는 어둠 속에서 수용기가 인접해 있는 맥락막에서 공급되는 효소에 의해 이루어진다.

광수용기는 그림 1-15와 같이 크고 막대모양인 막대세포(rod cell)와 작고 원추모양인 원추세포(cone cell)의 두 종류가 있다. 그러나 중심와에 위치한 원추세포는 길고 얇게 밀집되어 있어서 사실 겉모양으로는 큰 차이가 없다.

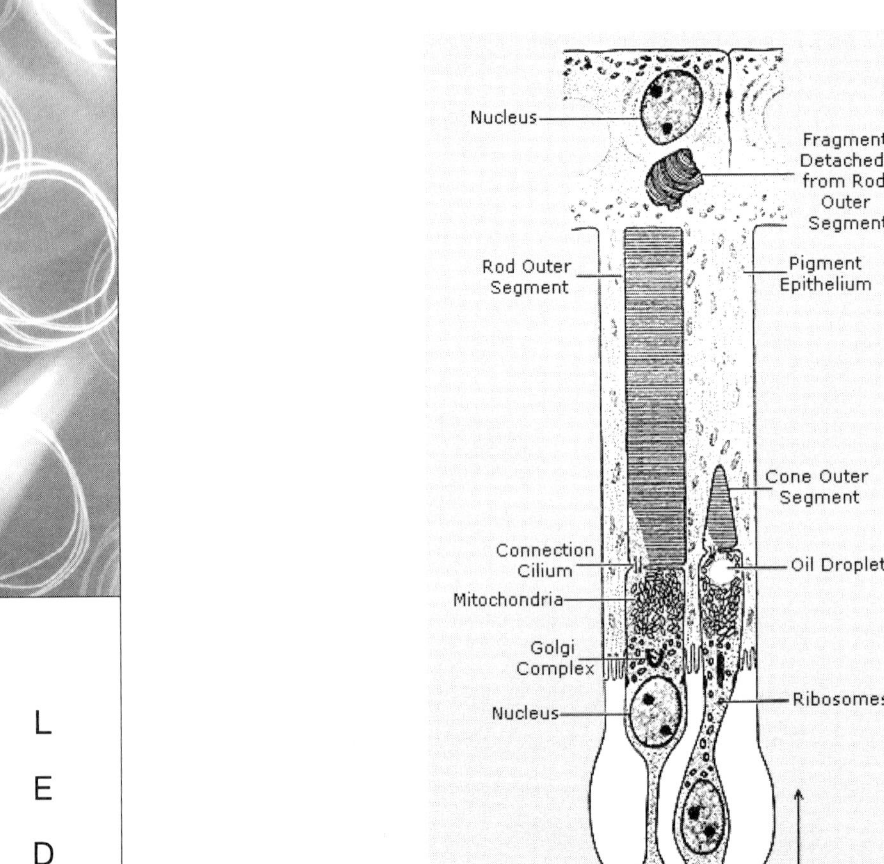

그림 1-15 막대세포와 원추세포

막대세포와 원추세포의 가장 두드러진 차이는 총 개수와 망막의 위치에 따른 분포도이다. 그림 1-16은 망막의 위치에 따른 막대세포와 원추세포의 개수 분포도로써 몇 가지 중요한 양상을 관찰할 수 있다. 그림에서 0도는 중심와의 중앙을 표시한 것이다. 막대세포는 수가 약 1억2천만 정도로 엄청나지만 중심와에는 전혀 없고 모두 망막 주변에 분포되어 있다. 반면에 원추세포는 6백만 정도이나 중심와에 밀집되어 있고 주변에도 고루 분포되어 있다. 그러나 주변에는 막대세포가 원추세포의 20배 정도로 많다.

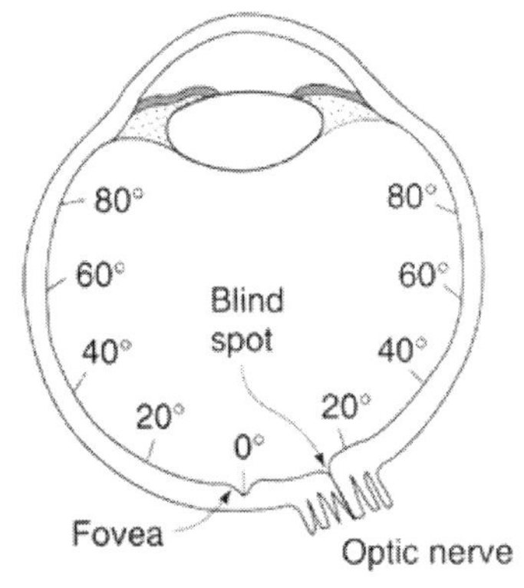

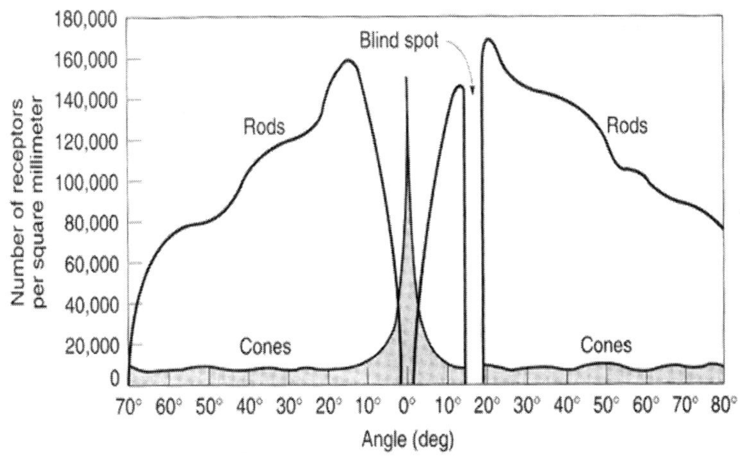

그림 1-16 망막의 위치에 따른 막대세포와 원추세포의 개수 분포도

다음의 차이점은 반응하는 빛의 세기와 반응 속도이다. 밝은 곳에서 갑자기 어두운 곳으로 들어가면 처음에는 사물이 보이지 않다가 점차로 보이게 되는 암순응 실험을 통해 밝혀졌다. 그림 1-17은 매우 밝은 조명에서 광수용기를 모두 표백시킨 후 어둠 속에서 시간에 따른 민감도 회복 정도를 측정한 예이다.

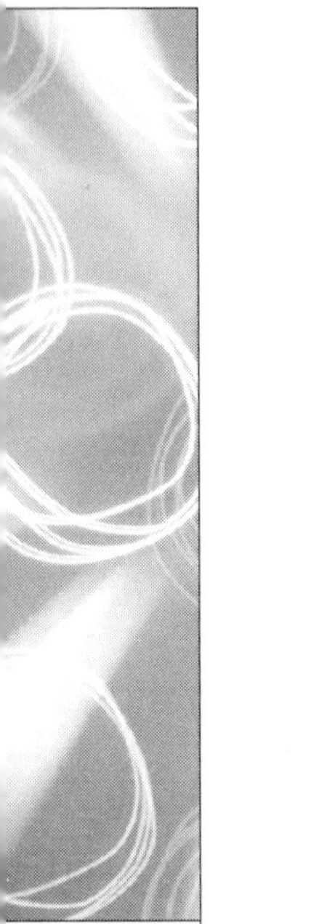

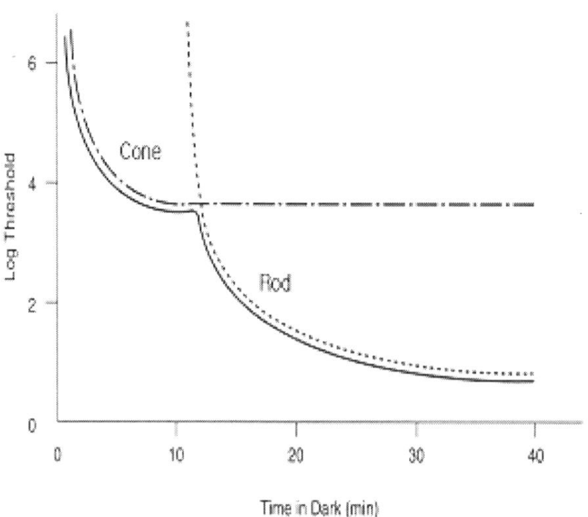

그림 1-17 암순응시 민감도 회복 정도

그래프에서 수직 축의 수치는 사물이 보이기 시작하는 최소 빛의 세기를 로그 스케일로 나타낸 것이므로 수치가 작을수록 민감도가 높음을 의미한다. 실선 그래프의 변화를 자세히 보면, 처음에는 민감도가 빠르게 증가하지만 수분 후부터 더 이상 증가하지 않다가 다시 서서히 증가하여 매우 높은 민감도까지 나타내는 것을 알 수 있다. 이는 추가적인 실험을 통해 원추세포(그림에서 간격이 긴 점선)와 막대세포(간격이 짧은 점선)의 민감도 변화가 서로 달라 얻어진 결과임이 밝혀졌다.

원추세포는 반응 속도는 빠르나 민감도가 낮아 상대적으로 강한 빛에 반응하고, 막대세포는 반응 속도는 느리나 민감도가 높아 약한 빛에 반응한다. 달빛과 같이 1cd/m2 이하의 약한 빛에서 막대세포 만에 의해 이루어지는 시각을 암소시(scotopic vision)라 하고, 막대세포와 원추세포가 모두 활동하여 이루는 시각을 박명시(mesopic vision)라 한다. 그리고 100cd/m2 이상의 강한 세기의 빛에서는 막대세포는 포화되고 오직 원추세포만이 활동하게 되는데 이로 인한 시각을 명소시(photopic vision)라 한다.

광수용기는 빛의 파장에 따라 민감도가 다른 특징을 지녔는데, 막대세포와 원추세포의 근본적인 차이는 최대 민감도를 나타내는 파장이 다르다는 것이다. 그림 1-18은 정신물리학적 실험에 의해 측정된 결과로부터 CIE(국제조명위원회)가 정한 표준관측자의 스펙트럼 민감도이다. 각 곡선은 최대 민감도를 1로 하여 각 파장의 민감도를 상대값으로 표시한 것으로 이를 분광휘도효율곡선(spectral luminous efficiency curves)이라 한다. 이 곡선은 동일한 에너지를 지닌 단일 파장 빛에 대해 느끼는 파장별 밝기 변화를 나타낸다.

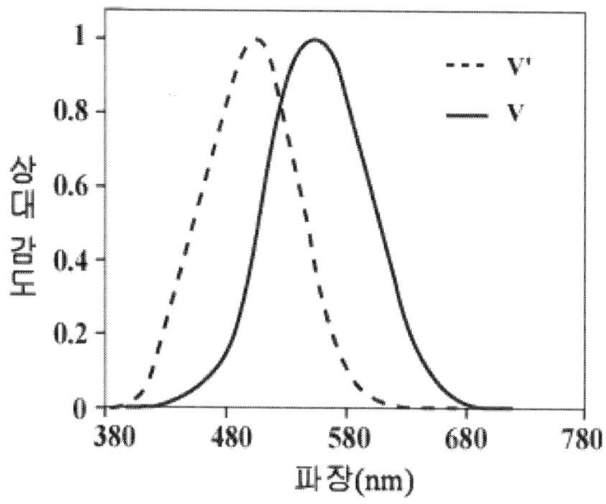

그림 1-18 분광휘도효율곡선

그림에서 점선으로 표시한 곡선은 막대세포가 활동하는 암소시를 나타낸 것으로 507nm의 빛에 가장 민감하고 파장이 짧아지거나 길어지면 민감도가 떨어진다. 실선으로 표시한 곡선은 원추세포가 활동하는 명소시를 나타낸 것으로 555nm 빛에 대해서가 가장 민감하고 파장이 짧아지거나 길어짐에 따라 민감도가 떨어진다. 암소시는 명소시에 비교해 단파장 빛에 민감하고, 명소시는 암소시에 비해 장파장 빛에 민감하다. 어두운 밤에는 빨간색 옷보다는 파란색 옷이 더 눈에 잘 띄는 것이나, 흰 색을 밤에 보면 낮에 봤을 때보다 푸른빛이 더해져서 보이는 것도 이 때문이다. 이러한 현상들을 1825년에 처음 기술한 Johann Purkinje의 이름을 따서 푸르킨예 변이(Purkinje shift)라 한다.

그림 1-19는 생리학자들이 광수용기로부터 색소 분자를 추출하여 측정한 파장에 따른 빛의 흡수량을 나타낸 흡수 스펙트럼이다. 막대세포 R의 경우는 흡수 스펙트럼이 그림 1-18의 암소시 분광휘도효율곡선과 일치하였으나, 원추세포의 경우는 상이한 세 가지 곡선이 구해졌다.

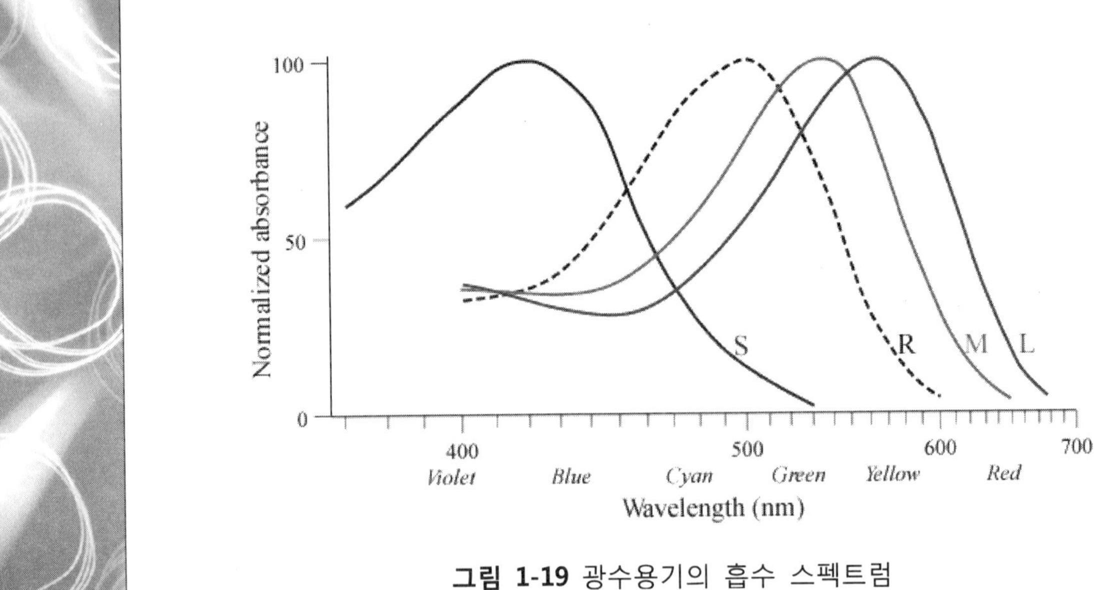

그림 1-19 광수용기의 흡수 스펙트럼

광수용기가 레티날 분자와 옵신 단백질로 구성된 시각 색소를 지녔다는 것은 앞 절에서 배웠다. 시각 색소에 따라 레티날 분자는 동일하여도 옵신 단백질을 구성하는 아미노산의 배열이 다르면 흡수스펙트럼이 달라진다. 막대세포는 Rhodopsin 이라는 한 가지 색소를 지닌 반면, 원추세포는 Erythrolabe, Chlorolabe, 그리고 Cyanolabe 라는 세 가지 색소 중의 하나를 지녔다. 이들은 그림 1-19에 나타낸 바와 같이 장파장(long- wavelength), 중간파장(middle wavelength), 그리고 단파장(short wavelength) 빛에 최대 흡수율을 나타내므로 각각 L-원추세포, M-원추세포, 그리고 L-원추세포로 불린다. 그림 1-19의 흡수 스펙트럼을 보면 자세히 보면 세 종류의 원추세포가 흡수하는 빛의 파장 범위가 상당부분 겹쳐있음을 알 수 있다. 특히 40~500nm 단파장 빛은 S 원추세포뿐 아니라 L과 M 원추세포에 의해서도 상당량 흡수됨에 유의해야한다. 이들 세 종류 원추세포가 각각 생성한 세 가지 전기적 신호에 의해 빛의 밝고 어두운 명암뿐 아니라 색이 구분된다.

L, M, S 원추세포의 개수 비가 6: 3: 1 정도임을 고려하여 흡수 스펙트럼을 더하면 그림 1-18의 명소시 스펙트럼 민감도와 일치되는 곡선을 얻을 수 있다. 뿐만 아니라 L과 M 원추세포가 중심와에 밀집되어 있는데 반해 S 원추세포는 중심와의 중앙에는 존재하지 않고 주변에 위치한다. 이로 인해 500nm 이하의 단파장 빛에 대해서는 시력이 떨어진다. 그러나 그림 1-20과 같이 단파장의 빛이 다른 파장에 비해 굴절률이 높아 망막 앞에서 상이 맺힘으로 퍼진 빛이 망막에 입사되는 점을 고려하면 S 원추세포가 중심와 주변에 배열된 것은 매우 합리적인 것 같다.

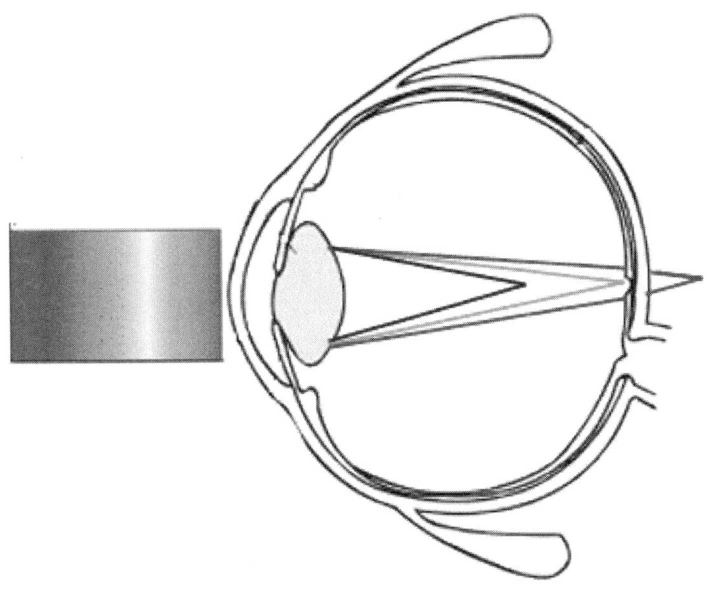

그림 1-20 눈의 색수차

5. 조명과 색채

5-1 조명의 질

백화점에 진열되어 있던 가방의 색이 마음에 들어 구매를 했으나, 백화점 밖에서, 그리고 집안에서 보이는 색이 달라 당황했던 경험은 누구에게나 있었을 것이다. 이는 물체의 색이 절대적인 것이 아니라 그것을 비추는 광원의 종류, 조명의 방식 등에 따라 결정되기 때문이다. 조명용 광원은 크게 자연광원과 인공광원으로 나뉜다. 자연광원은 태양광을 말하며 인공광원은 그 용도에 따라 다양하게 들 수 있다. 먼저 광원의 색 특성을 나타내는 색온도, 연색성 그리고 측정량에 관해 알아보고, 조명 방식과 조명용 광원의 종류에 관해 살펴보고자 한다.

5-1-1. 색온도

색온도(Color Temperature)는 광원의 색 특성을 나타내는 방법이다. 색온도를 정의하기 위해서는 먼저 흑체(Black body)라는 용어를 이해하여야 한다. 흑체란 외부 에너지를 반사 없이 모두 흡수하는 이론적 물체이다. 빛의 반사가 전혀 일어나지 않고 모든 파장의 빛이 흡수되므로 이를 상징하여 흑체라는 이름이 붙여졌

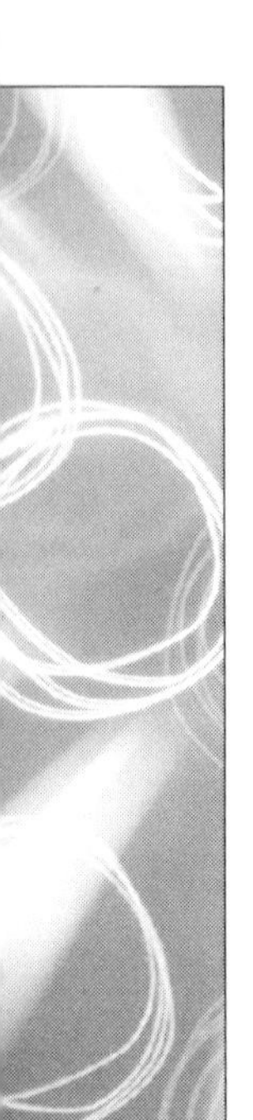

다. 흑체가 에너지를 흡수하면 물질이 뜨거워지고, 이로 인해 물질을 구성하고 있는 원자나 분자는 빠르게 충돌하여 내부 에너지 상태가 변화된다. 이 과정에서 빛(가시광선)을 포함한 전자기파의 방사가 생긴다.

이를 흑체방사라 하는데, 물체의 재료 특성에는 관계없이 연속적인 파장분포를 나타내며 물체의 온도가 증가할수록 더욱 넓은 영역의 분포를 나타낸다(그림 1-21 참조). 즉, 온도가 낮을 때에는 눈에 보이지 않는 적외선을 주로 방출하고 온도가 높아짐에 따라서 점차 눈에 보이는 가시광선이 많아져서 빛이 색을 띠게 된다. 비교적 저온에서는 붉은 색을 띠다가 온도가 높아짐에 따라 점차 오렌지색, 노란색, 흰색으로 바뀌다가 마침내는 푸른빛이 도는 흰색을 나타내게 된다(그림 1-22 참조). 이러한 빛을 방출할 정도의 뜨거운 물체는 스텐드나 자동차 전조등과 같은 백열등을 예로 들 수 있다.

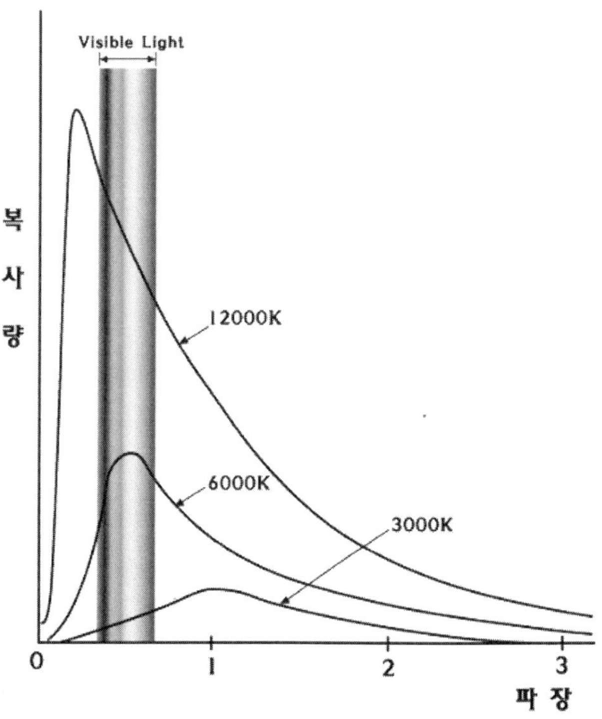

그림 1-21 흑체복사 곡선

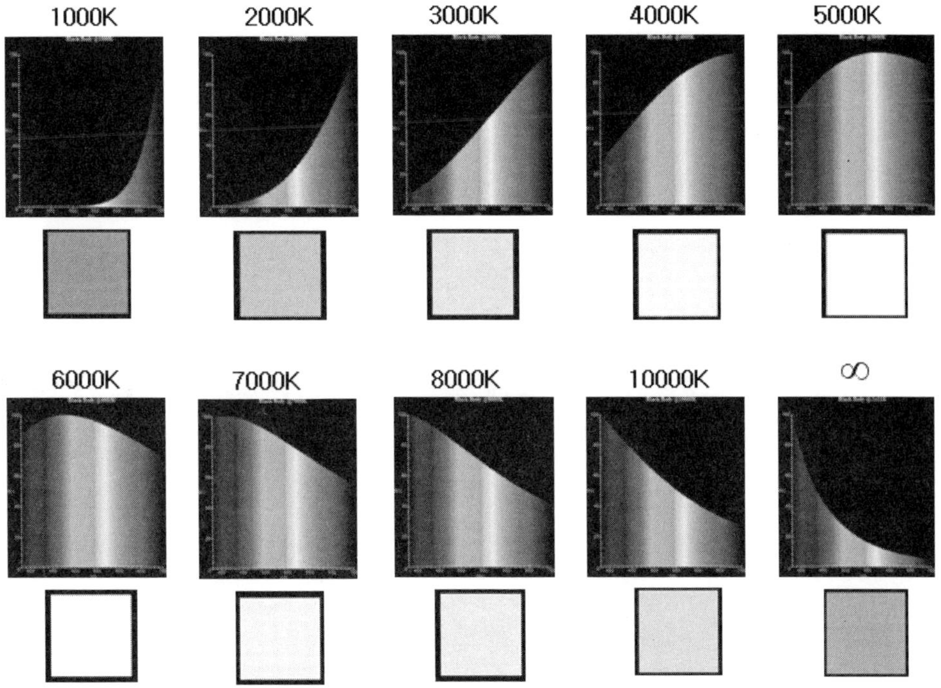

그림 1-22 흑체의 온도에 따른 복사 스펙트럼의 변화

그림 1-23은 흑체가 온도 증가에 따라 방사하는 빛의 색을 CIE 색도도(CIE Chromaticity Diagram)에 나타낸 것으로, 그림 1-23에 보이는 곡선을 흑체 궤적(Blackbody Locus)이라 부른다.

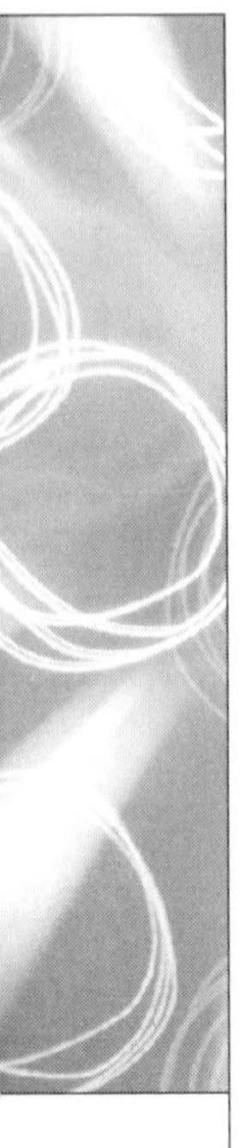

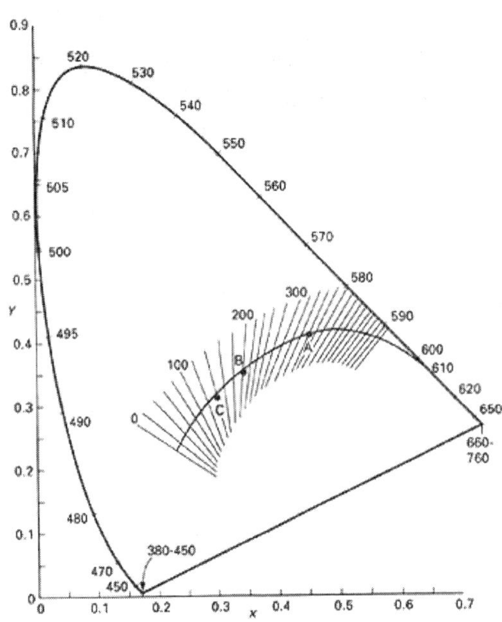

그림 1-23 CIE xy 색도도 상의 흑체 궤적과 등색온도선

이와 같이 흑체는 그 온도마다 정해진 색의 빛을 내므로, 광원이 흑체의 색과 같은 빛을 내는 경우 이때의 흑체의 온도를 그 광원의 색온도(Color Temperature)로 정의하고 절대온도 K로 표시한다. 예를 들어 200W 백열등이 방사하는 빛의 색은 그림 1-23에 나타낸 약 3000K 흑체의 색도 좌표와 거의 일치한다. 따라서 백열등은 3000K의 색온도를 지녔다고 말한다(절대온도 K는 섭씨온도 C° +273° 이다). 그러나 형광등은 자체가 뜨거워져서 빛을 내는 것이 아니므로 흑체방사와는 다른 파장분포를 이룬다. 따라서 형광등 빛의 색은 그림 1-23의 흑체 궤적을 벗어나게 되므로 흑체의 색온도로 지정하기가 적절하지 않다. 그러나 이런 경우에도 가장 가까운 색의 빛을 방사하는 흑체의 온도로 지정하고 이를 상관 색온도(Correlated Color Temperature)라 한다. 그림 1-23에서 나타낸 바와 같이 흑체 궤적과 수직을 이루는 등온도선에 위치하는 광원은 모두 동일한 상관 색온도로 지정된다.

표 1-4는 자연광원과 인공광원의 대략적인 색온도 및 빛의 색을 나타낸 것이다. 그러나 색온도는 광원의 실제 온도가 아닌 점에 유의해야 한다. 즉, 낮은 색온도는 붉은색이나 주황색 계열의 따뜻한 색에 대응되고, 반면에 높은 색온도는 푸른색 계열의 시원한 색에 대응된다.

표 1-4 자연광원과 인공광원의 대략적인 색온도 및 빛의 색

자연광원	색온도 (K)	빛의 색	인공광원	색온도 (K)	빛의 색
태양(일출, 일몰) Sunlight at sunrise, sunset	2,000	적색	촛불 Candle flame	2,000	적색
태양(정오) Sunlight at noon	5,000	백색	백열등(200W) Incandescent lamp	3,000	전구색
맑고 깨끗한 하늘 Clean blue sky	12,000	주광색	주광색 형광등 Daylight fluorescent lamp	6,500	주광색
약간 구름낀 하늘 Partly cloudy sky	8,000	주광색	백색 형광등 Cool white fluorescent lamp	4,500	백색
얇게 고루 구름낀 하늘 Overcast sky	6,500	주광색	온백색 형광등 Warm white fluorescent lamp	3,000	온백색

색온도가 6500K 이상인 주광색 형광등이나 하늘과 같은 경우 시원한 느낌의 푸른빛이 도는 흰색을 띠므로 공간 전체가 밝고 활발한 분위기를 나타낸다. 반면에 색온도가 3000K 이하인 백열등이나 석양이 질 무렵의 하늘과 같은 경우 따뜻한 느낌의 전구색이나 적색을 띠므로 사람의 마음을 안정시키는 분위기를 나타낸다. 따라서 형광등은 사무실이나 공장에서 사람이 활동하는 장소의 조명으로 적합하고 백열등은 가정의 조명으로 적합하다. 그러나 형광등만으로는 약간 차가운 느낌이 들기 쉽고, 백열등만으로는 활기를 잃기 쉬우므로 형광등과 백열등을 함께 사용하여 밝기와 분위기를 균형 있게 조절하는 것이 중요하다.

5-1-2. 연색성

우리는 동일 물체가 백열등과 형광등, 그리고 태양아래에서 각기 다른 색으로 보이는 경험을 종종 하게 된다. 이는 광원마다 방사하는 빛의 파장분포가 달라 물체로부터 반사되는 빛의 파장분포가 달라지기 때문이다. 이와 같이 광원에 따라 색이 달라지는 효과를 광원의 연색성이라 한다. 색온도가 광원의 색을 나타내는데 비해 연색지수(Color Rendering Index : Ra)는 시험 광원이 얼마나 기준광 아

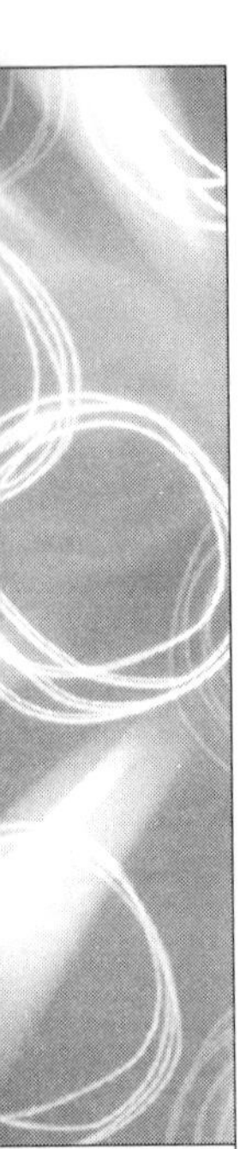

래에서 보이는 것처럼 충실하게 색을 보여주는가를 나타낸다.

각 광원의 연색지수 Ra는 정해진 8가지의 샘플색(7.5R6/4, 5Y6/4, 5GY6/8, 2.5G6/6, 10BG6/4, 5PB6/8, 2.5P6/8, 10P6/8)에 대해 시험광원아래에서 본 경우와 기준광원 아래에서 본 경우의 색의 차이로 측정된다. 기준광원은 시험 광원에 따라 다르게 선택된다. 시험광원의 색온도가 5000K 이하일때는 시험광원의 색온도와 가장 가까운 흑체복사로 택하고, 시험광원의 색온도가 5000K 이상일때는 시험광원의 색온도와 가장 가까운 표준 주광(Daylight)을 택한다(색온도별 주광의 파장분포는 국제조명위원회에서 지정해 두었다). 연색지수를 측정하는 과정은 국제조명위원회의 보고서 No. 13.2에 자세히 나와 있다.

8가지의 샘플색에 대한 평균 지수인 연색지수가 100이라는 것은 모든 색이 기준광 아래에서와 같게 보임을 의미한다. 또한 연색지수가 100 이하로 낮을수록 시험 광원의 파장분포가 기준 광원과 그것과 차이가 큼을 의미한다. 일반적으로 연색지수가 90을 넘는 광원은 연색성이 매우 좋다고 할 수 있다. 백열등의 경우 분광복사분포가 흑체복사와 유사하므로 연색지수가 100에 가깝고, 대부분의 형광등의 경우는 주광을 기준으로 60~75정도가 되어 연색성이 떨어지나 소비전력에 비해 매우 밝은 장점을 지니고 있다. 점차 높은 연색지수를 지닌 형광등이 개발되고 있다. 연색성 평가를 위한 등급은 표 1-5와 같다.

표 1-5 연색성 등급

등급	연색지수
1A	90~100
1B	80~89
2A	70~79
2B	60~69
3	40~58

광원의 연색성을 이용하면 보다 효과적인 색채연출이 가능하다. 표 1-5에 나타낸 적색 광원은 주로 장파장의 빛을 내므로 육류, 소시지, 빵, 기타 식료품을 조명하면 붉은 색이 보다 선명해져서 맛있고 신선하게 보인다. 한편 주광색 광원은 자연광 아래에서의 색을 충실히 연출해 내므로 옷, 신발, 안경, 보석, 꽃을 취급하는

상점이나 공장에 반드시 설치되어야 한다. 그리고 온백색이나 전구색 광원은 주광색 광원에 비해 단파장의 빛을 적게 내므로 따뜻하고 안락한 분위기를 연출할 수 있어, 매장, 전시장, 박람회장, 학교 강당, 세미나실 등과 같이 뛰어난 배경조명과 특별한 분위기가 필요한 곳에 적합하다.

5-1-3. 조명의 측정량

(1) 복사속과 광속

어떤 면을 통과하는 복사 에너지의 시간에 대한 비율을 복사속(radiant flux)이라고 하고, 단위는 [Watt, W]이다. 복사속을 시감으로 측정한 것을 광속(luminous flux)이라고 하며, 기호는 F, 단위는 루멘[lumen, ㏐]이다.

표 1-6 대표적인 광원의 광속

광 원	광 속 [lm]	광 원	광 속 [lm]
태 양	3.6×10^{28}	백색형광램프 40 W	3,000
백열전구 40 W	445	고압나트륨램프 400 W	46,000

(2) 광도

점광원(point source)이 어떤 방향으로 발산하는 광속의 입체각 밀도를 그 방향의 광도(luminous intensity)라고 한다. 기호는 I, 단위는 [candela, cd]이다. 1 [cd]는 점광원을 중심으로 하여 반지름 1[m]의 구면을 생각하여, 그 구 표면상의 1 [m²]의 면적을 뚫고 나오는 광속이 1 [lm]일 때 그 방향의 광도를 1 [cd]라고 한다.

입체각 ω 내에 광속 F가 균일하게 발산되고 있다면 광도 I는 다음 식과 같다.

$$I = \frac{F}{\omega}$$

만일 점광원으로부터 전공간에 균일하게 광속이 발산되고 있으면 광도 I는 다음과 같다.

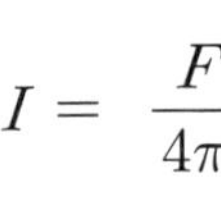

$$I = \frac{F}{4\pi}$$

표 1-7 대표적인 광원의 광도

광 원	광 도 [cd]	광 원	광 도 [cd]
태양	2.8×10^{27}	백색형광램프 40 W	330
백열전구 40 W	40	형광수은램프 400 W	1,800

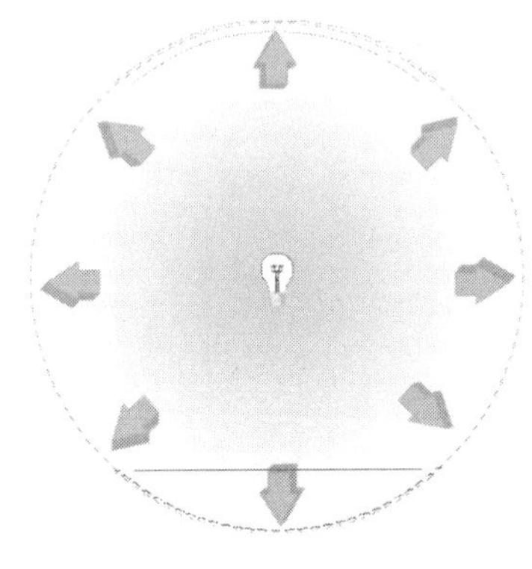

그림 1-24 전광속

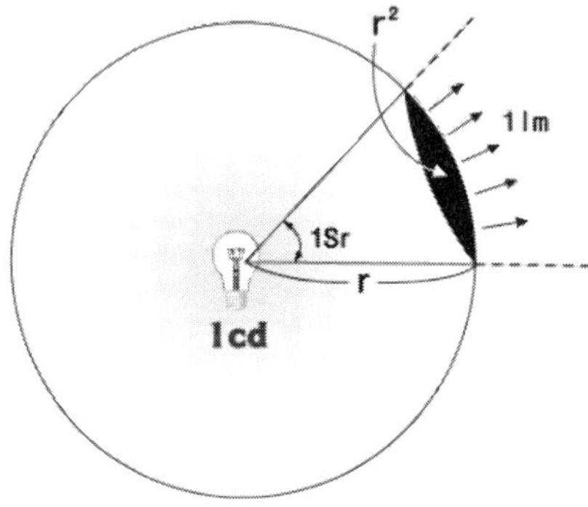

그림 1-25 광도

(3) 조도

어떤 면에 대한 입사광속의 면적당 밀도를 그 면의 조도(illuminance)라고 한다. 조도의 기호는 E, 단위는 [lux, ㏓]이다. 면적 S에 광속 F가 균일하게 입사하면, 조도 E는

$$E = \frac{F}{S}$$

로 계산된다. 또한 각종 조도의 단위에는 다음의 관계가 있다.

1 [lux, lx] = 1 [lumen/㎡]
1 [phot] = 1 [lumen/㎠]
1 [foot-candle, fc] = 1 [lumen/ft^2] = 10.764 [lx]

조도의 종류에는 입사하는 빛과 빛을 받는 면의 위치에 따라 수평면조도(Eh)와 수직면조도(Ev), 법선조도(En)가 있다. 법선조도는 빛의 진행방향에 수직인 면상의 조도를 말한다.

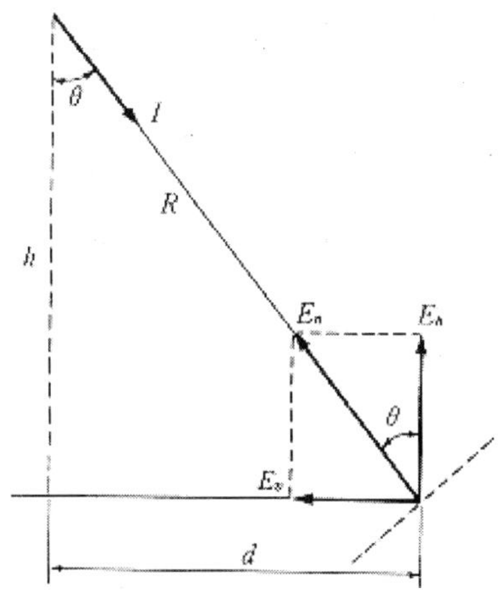

그림 1-26 수평면, 수직면, 법선조도

$$E_n = \frac{I}{R^2}$$

$$E_h = E_n \cos\theta = \frac{I}{R^2} \cos\theta$$

$$E_v = E_n \sin\theta = \frac{I}{R^2} \sin\theta$$

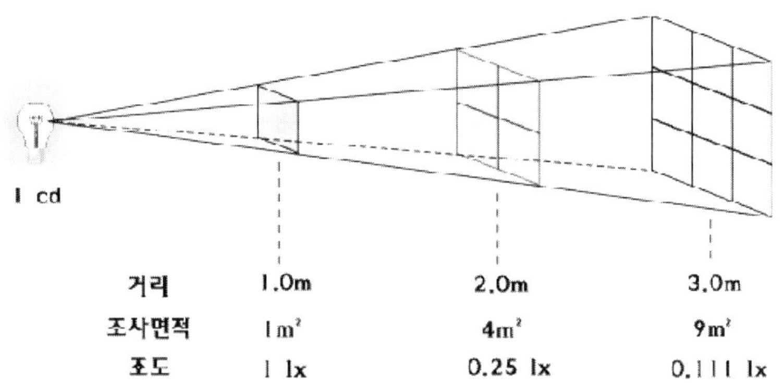

그림 1-27 광도와 조도의 관계

표 1-8 일상생활에 적합한 조도

장소(때)	조도(럭스)
맑은 날 보름달 밤	0.2
맑은 날 옥외	100,000
맑은 날 사무실 창가	5,000
독서실	500~1,000
일반 사무실	500~750
식탁 위	200~500
거실	100~200
정밀작업실	1,500~3,000

(4) 광속발산도

어떤 면에서 나오는 광속을 그 면의 면적으로 나눈 것을 광속발산도(luminous exitance)라고 한다. 기호는 M, 단위는 [radlux, rlx] 이다.

$$M = \frac{F_{out}}{S}$$

광속발산도는 반사면이나 투과면에서도 정의되며

$$M_\rho = \rho E$$
$$M_\tau = \tau E$$

여기서, ρ : 반사율, τ : 투과율이다.

또한 흡수율을 α라 하면 $\alpha + \rho + \tau = 1$ 이 성립한다.

(5) 휘도

광원에서 어떤 방향으로 나가는 단위 투영면적 당 광도를 휘도(luminance)라고 한다. 기호는 L, 단위는 [nit, nt] 이다. 광속발산도는 방향에 관계없이 그 면에서 나오는 광속을 그 면적으로 나눈 값인 것에 반해, 휘도는 특정한 방향에 대하여 정해지는 양이다.

즉 물체 표면의 휘도는

$$L = \frac{I}{S \cdot \cos\theta}$$

이고 S는 물체의 면적, θ는 이 면을 비스듬하게 바라보는 경우의 각도이다.

각종 휘도의 단위에는 다음의 관계가 있다.

1 [nit, nt] = 1 [cd/㎡]

1 [stilb, sb] = 1 [cd/㎠]

1 [foot-Lambert, fL] = 1/π [cd/ft^2] = 3.426 [cd/㎡]

표 1-9 각종 광원의 휘도의 개략적 수치

광 원	휘 도 [cd/cm^2]	광 원	휘 도 [cd/cm^2]
태양(천정)	160,000	네온관(적색)	0.08
청공	0.4	석유등	1.2
투명전구 100 W	600	양초	0.5
프로스트전구 100 W	14	주광색형광램프 40 W	0.35
고압수은램프 400 W	50	달의 면	0.3
		눈부심을 느끼는 한계	0.5

(6) 효율

실제로 광원에서는 발산되는 전방사속보다 많은 에너지를 공급하여야 한다. 즉, 전발산광속 외에 대류, 전도 등에 의한 손실을 포함한 전소비전력을 고려하여야 한다.

전소비전력 P에 대한 전발산광속 F의 비율을 전등효율(lamp efficacy)이라 한다. 기호는 η, 단위는 [lm/W]이다.

$$\eta = \frac{F}{P}$$

광원에서 방사된 빛은 목적에 적합한 배광분포를 가지도록 등기구를 통하여 방사된다. 등기구가 얼마나 효율적으로 광원의 방사광을 방출하느냐 하는 것을 등기구 효율(luminaire efficiency)이라고 하고, 기호는 ϵ, 단위는 무단위 상수로서 보통 %를 사용하며, 다음과 같이 정의한다.

$$\epsilon = \frac{\text{등기구에서 방출되는 광속}}{\text{광원에서 방출되는 광속}} \times 100$$

또한, 최근 LED를 일반 조명에 응용하면서 등기구 효율이 새롭게 정의되며, 이것은 광원, 전원장치 및 등기구를 포함한 전체 조명 시스템에 입력된 전력에 대하여 사용자가 얻을 수 있는 총광속의 비로서, 기존의 종합효율 또는 시스템 효율에 해당하는 것으로 우리말로는 등기구 효율이라 번역되지만 영어로는 luiminaire efficacy로 표기된다. 단위는 [lm/W]이다.

$$등기구\ 효율(luminaire\quad efficacy) = \frac{등기구\ 총\ 방출광속}{등기구\ 입력전력}$$

5-2 CIE 색공간

국제조명위원회(International Commission on Illumination, 약자는 CIE)에서는 자연계에 존재하는 모든 색을 좌표로 지정할 수 있는 색공간을 제안하였다. 그리고 조명, 관측조건, 또는 관측자 등에 관한 표준을 제정하여 기기를 사용한 객관적인 색 측정이 가능하도록 하였다.

5-2-1. 표준관측자의 색 매칭 함수

물리학적 견지에서 보면 색자극은 에 대한 눈의 자극치라 할 수 있다. 즉, 눈에 입사되는 빛의 분광세기 분포와 눈의 분광감도곡선의 곱으로 구해진다. 그러나 눈의 분광감도곡선은 사람에 따라 차이가 있으므로 객관적으로 색을 정의하기 위해서는 이에 대한 표준화가 필요하다. 1931년에 CIE에서는 직접 사람 눈의 분광감도곡선을 측정하는 대신에 간접적인 색 매칭 실험(color matching experiment)을 통해 표준관측자의 색 매칭 함수를 정의하였다. 이때 어떤 색이라도 빨강(R), 초록(G), 그리고 파랑(B)의 삼원색광의 혼합으로 나타낼 수 있다는 가정을 전제로 하였다.

그림 1-28 (a)와 같이 왼쪽 반원에 시험광 C를 비추고 오른쪽 반원에 비추는 삼원색광의 세기를 조절하여 두 색을 매칭시킨다. 이때 조절된 삼원색광 R, G, B의 단위세기가 각각 r, g, b라면 시험광 C는 다음 식으로 표현될 수 있다. 즉, 색자극 C에 대한 눈의 삼자극치는 r, g, b가 된다.

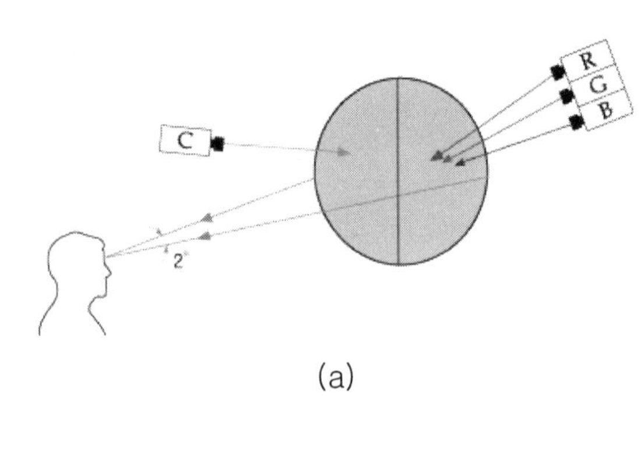

(a)

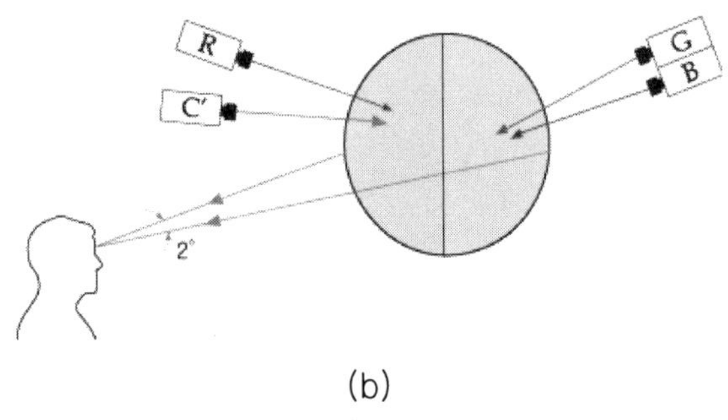

(b)

그림 1-28 색 매칭 실험

특정 시험광 C′ 에 대해 삼원색광의 세기를 어떻게 조절하여도 매칭되지 않는 경우에는, 그림 1-28 (b)와 같이 왼쪽 반원에 시험광 C′ 과 하나의 원색광을 비추고 오른쪽 반원에 나머지 두 원색광을 비추어 매칭시킨다. 이때 조절된 삼원색광 R, G, B의 단위 세기가 각각 r′ , g′ , b′ 이라면 시험광 C′ 은 다음 식으로 표현될 수 있다. 즉, 색자극 C′ 에 대한 눈의 삼자극치는 -r′ , g′ , b′ 가 된다.

CIE에서 시험광의 세기는 일정하게 하고 파장을 380nm에서 780nm까지 변화시키면서 각 파장에 대해 매칭되는 삼원색광의 단위세기 r, g, b를 측정하였다. 그림 1-27은 정상 시각을 지닌 사람들에 대한 측정결과를 평균하여 나타낸 것이다. R 원색의 매칭 곡선을 r, G 원색의 매칭 곡선을 g, 그리고 B 원색의 매칭 곡선을 b로 표시하고, 이들을 색 매칭 함수라 한다. 이때 사용된 R, G, B 삼원색광의 파장은 700nm, 546.1nm, 그리고 435.8nm 이고, 관측자의 시야각은 2도이다. 그림 1-29에서 볼 수 있듯이 r, g, b곡선은 음의 값을 지니고 있는데, 이는 삼원색광의 혼합으로 매칭 시킬 수 없는 파장의 시험광에 대해서는 그림 1-28 (b)의 방법이 사용되었기 때문이다.

CIE에서는 r, g, b에 적절한 수학식을 적용하여 그림 1-29와 같이 양수만을 나타내는x, y, z 색 매칭 함수로 변환하였다. 여기서 y곡선이 눈의 명소시 분광휘도효율곡선과 일치하도록 수학식을 만들었다. 따라서 변환된 x, y, z는 변환전의 r, g, b와 다르게 삼원색광의 단위세기를 의미하는 것이 아니라는 점에 유의해야 한다. 그림 1-30에 실선으로 나타낸 곡선을 1931년 2도 시야 표준 관측자 색 매칭 함수(color matching functions for the CIE 1931 standard colorimetric observer)이고, 점선으로 나타낸 곡선을 1964년 10도 시야 표준 관측자 색 매칭 함수이다.

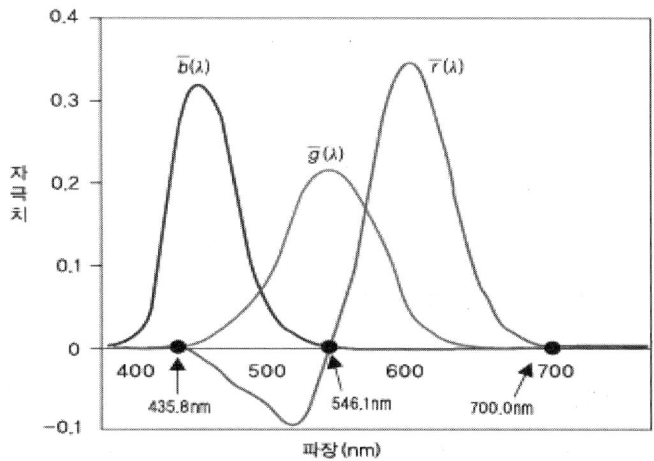

그림 1-29 r,g,b ,색 매칭 함수

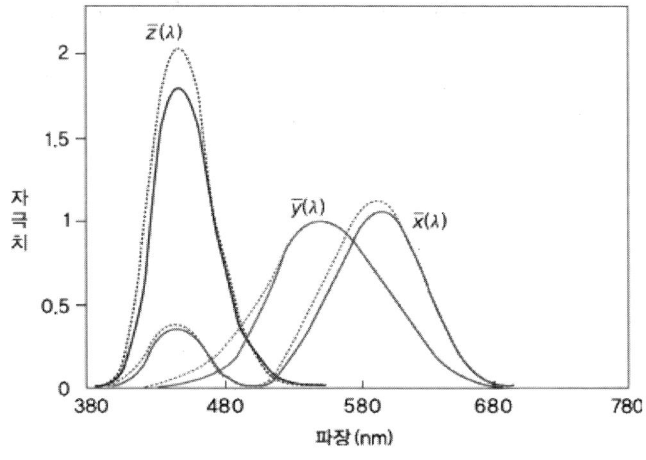

그림 1-30 표준 관측자 색 매칭 함수

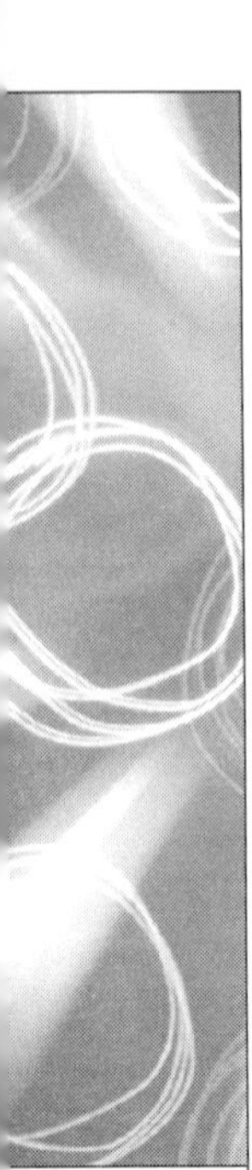

5-2-2. 삼자극치 XYZ

표준관측자의 색 매칭 함수가 $\overline{x},\overline{y},\overline{z}$ 세 종류이므로 눈의 자극치도 세 가지로 정의된다. CIE에서는 눈의 삼자극치 X, Y, Z를 다음과 같이 정의하였다.

$$X = k\sum_{380}^{780}(S_\lambda \times R_\lambda \times \overline{x})\Delta\lambda$$

$$Y = k\sum_{380}^{780}(S_\lambda \times R_\lambda \times \overline{y})\Delta\lambda$$

$$Z = k\sum_{380}^{780}(S_\lambda \times R_\lambda \times \overline{z})\Delta\lambda$$

여기서 S_λ는 광원의 분광복사율을 나타내고 R_λ는 물체의 분광반사율을 나타낸다. 그리고 $\Delta\lambda$는 파장 간격을 나타내고 Σ은 380nm부터 780nm까지의 계산 결과를 더한다는 의미이다. k는 상수로써 모든 파장에 대해 R_λ가 1인 이상적인 흰색의 Y자극치가 100%가 되도록 곱해주는 상수이다. 이렇게 정의된 X, Y, Z는 동일 물체에 대해서도 광원의 분광 복사율에 따라 달라진다. 여기서 Y 자극치만이 눈이 반응한 빛의 세기를 의미하고 X 자극치와 Z 자극치는 물리적 의미 없이 크기만을 지님을 유의해야 한다. 그림 1-31은 위의 수식을 그림으로 나타낸 것이다. 색자극 C와 CIE 표준관측자의 색 매칭 함수 $\overline{x},\overline{y},\overline{z}$ 곡선의 곱으로 구해진 Cx, Cy, Cz 곡선이 각각 가로 축과 이루는 면적이 삼자극치 X, Y, Z에 비례한다.

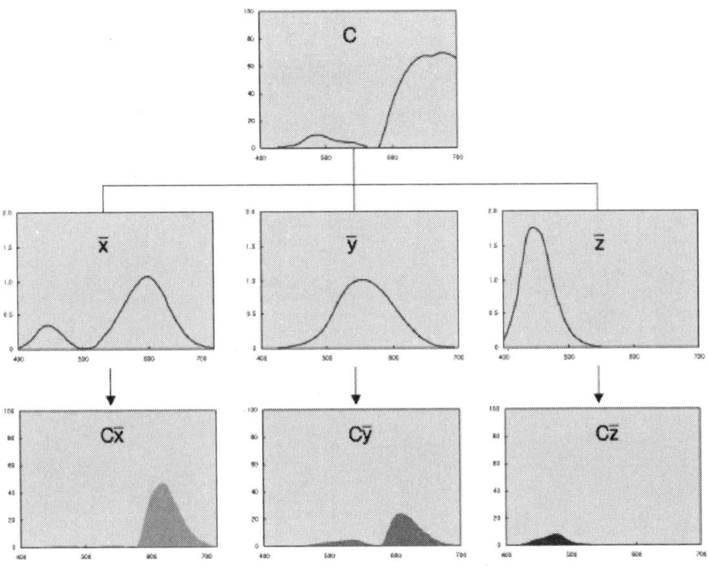

그림 1-31 CIE XYZ의 그래프적 정의

5-2-3. 색도도

(1) x, y 색도도

삼자극치를 모두 합한 값에 대한 X 자극치의 비율을 x로, Y 자극치의 비율을 y로, 그리고 Z 자극치의 비율을 z로 정의하고 이들을 색도좌표(Chromaticity coordinates)라 한다. 이를 식으로 표현하면 다음과 같다.

$$x = \frac{X}{X+Y+Z}, \quad y = \frac{Y}{X+Y+Z}, \quad z = \frac{Z}{X+Y+Z}$$

이때 색도좌표 x, y, z를 모두 더하면 1이 되므로 이중에서 x, y만을 나타낸다. 그림 1-32와 같이 x와 y로 이루어지는 2차원 공간을 x, y 색도도(Chromaticity diagram)라 한다. 그림에서 각 점 옆에는 해당 파장이 적혀 있다. 단색광의 색을 스펙트럼 색이라고도 하고 이들 좌표를 연결한 말굽 형태의 곡선을 스펙트럼 궤적(spectrum locus)이라 한다. 단순히 궤적의 양끝을 이은 직선은 380nm와 780nm의 두 단색광의 혼합색을 의미하므로 자주색 선(purple line)이라 한다.

단색광의 색이 가장 순수하므로 자연계에 존재하는 모든 색의 좌표는 스펙트럼 궤적과 자주색 선으로 이루어지는 면적 안에 위치한다. 특히 이상적인 무채색의 경우

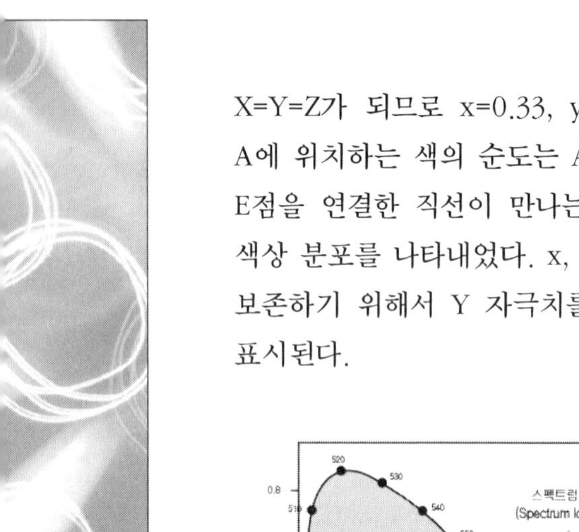

X=Y=Z가 되므로 x=0.33, y=0.33이 되어 그림 1-32의 E점에 위치한다. 예로써 A에 위치하는 색의 순도는 A점과 E점 사이의 거리가 멀수록 높고, 색상은 A점과 E점을 연결한 직선이 만나는 파장의 색이 된다. 그림 1-33에 x, y 색도도에서의 색상 분포를 나타내었다. x, y 색도좌표는 자극치의 상대적 비율이므로 절대 값을 보존하기 위해서 Y 자극치를 함께 표시한다. 즉, 색은 X, Y, Z 혹은 x, y, Y로 표시된다.

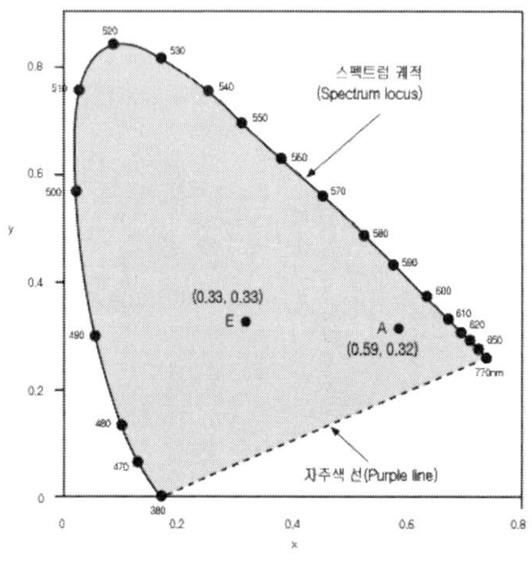

그림 1-32 x, y 색도도 정의

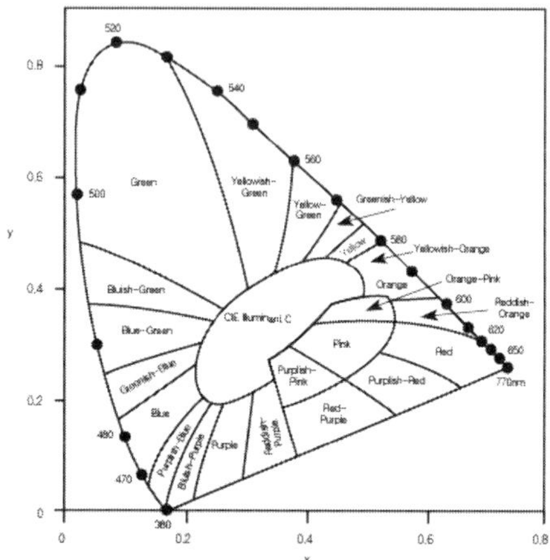

그림 1-33 색상 분포도

(2) u′, v′ 색도도

CIE 색체계는 시각에 의한 분류가 아닌 수학적 체계를 따른 것이므로 x, y 색도좌표의 눈금이 시각적 눈금과 일치하지 않는다. 그림 1-34 (a)는 x, y 색도도의 평균 등색 타원을 나타내는데, 좌표 구간에 따라 타원의 크기가 크게 차이 나므로 시각적으로 불균등함을 알 수 있다. 따라서 x, y 색도도는 하나의 색을 객관적으로 표시하는 경우에는 적합하지만 둘 이상의 색의 차이(색차)를 나타내기에는 부적절하다.

x, y 색도도의 좌표 눈금을 시각에 균등하게 변환시킨 것을 CIE 1976 u′, v′ 균등 색도도라 한다. 그림 1-34 (b)는 u′, v′ 색도도에서의 평균 등색 타원을 나타내는데, x, y 색도도에 비해 보다 크기가 비슷해 졌음을 알 수 있다.

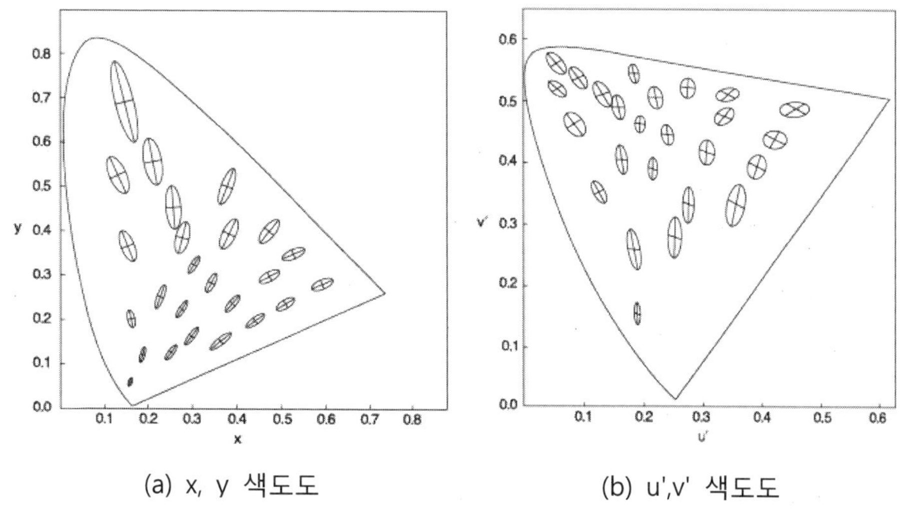

(a) x, y 색도도 (b) u',v' 색도도

그림 1-34 평균 등색 타원(타원의 크기는 실제보다 10배 확대)

5-2-4. 균등 색공간

(1) CIE LUV

Y 자극치가 클수록 눈이 감지한 빛의 세기가 강함을 의미한다. 그러나 Y 자극치로 인해 지각되는 밝기 감각 L은 Y 자극치에 비례하지 않고 그림 1-35와 같은 비선형적인 관계를 나타낸다. 즉, Y 자극치가 적을 때는 밝기 감각이 민감하나 Y 자극치가 클 때는 밝기 감각이 둔해진다. 따라서 Y 자극치의 눈금보다는 밝기 감각 L의 눈금이 시감에 가깝다. 또한 색은 광원이나 매체의 흰색에 적응하여 지각되므로 CIE에서는 이를 고려한 균등 색공간을 제정하였다. 이를 1976 CIE LUV 색공간이라 하고, L^*, u^*, v^* 로 표시한다. Y, u', v'과는 아래 식의관계로 정의된다.

$$L^* = 113\left(\frac{Y}{Y_n}\right)^{\frac{1}{3}} - 16$$

$$u^* = 13L^*(u' - u'_n)$$

$$v^* = 13L^*(v' - v'_n)$$

이때 Y_n, u'_n, v'_n 는 광원의 휘도와 색도좌표이다.

단, $\frac{Y}{Y_n} \leq 0.008856$ 일 때는 $L^* = 903.3\frac{Y}{Y_n}$ 으로 계산된다.

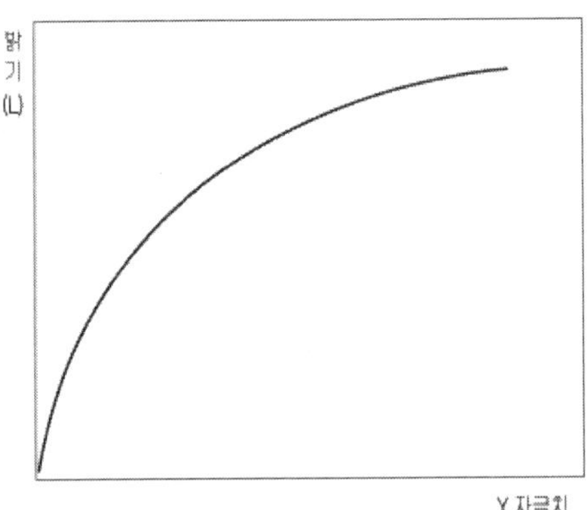

그림 1-35 자극치와 밝기의 비선형 관계

(2) CIE LAB

CIE는 또 하나의 균등 색공간인 CIE LAB 색공간을 제정하였다. L^*는 그대로 사용하고 u', v' 색도좌표대신에 a^*, b^* 색도좌표를 정의하였다. 그림 1-36은 CIE LAB 색공간의 개념적 구조를 나타낸 그림이다. 수직축은 밝기를 나타내는 L^*를 나타내고. 수평 단면은 a^*, b^* 색도도를 나타낸다. 색도도의 가로축(a^*)은 red-green을 나타내고, 세로축(b^*)은 yellow-blue를 나타낸다. 즉, a^*가 양수면 빨간색(정확하게 표현하면 자주빛 빨간색)을 띠고 음수면 초록색을 띰을 의미한다. 또한 b^*가 양수면 노란색을 띠고 음수면 파란색을 띰을 의미한다. $a^* = b^* = 0$인 좌표 원점은 어떤 색도 띠지 않는 무채색을 의미한다. L^*, a^*, b^* 와 X, Y, Z와는 아래 식의 관계로 정의된다.

$$L^* = 116[f(\frac{Y}{Y_n}) - \frac{16}{116}]$$

$$a^* = 500[f(\frac{X}{X_n}) - f(\frac{Y}{Y_n})]$$

$$b^* = 200[f(\frac{Y}{Y_n}) - f(\frac{Z}{Z_n})]$$

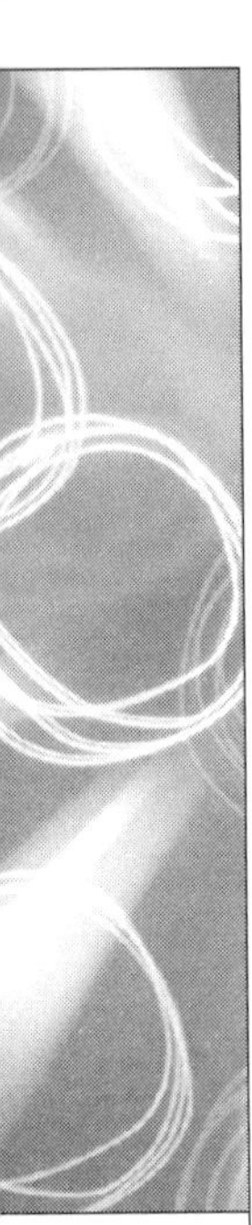

여기서 X_n, Y_n, Z_n은 기준 백색의 삼자극치이다.

$f(\frac{Y}{Y_n}) > 0.008856$ 일 때는 $f(\frac{Y}{Y_n}) = (\frac{Y}{Y_n})^{\frac{1}{3}}$ 이고,

$f(\frac{Y}{Y_n}) \leq 0.008856$ 이면 $f(\frac{Y}{Y_n}) = 7.787(\frac{Y}{Y_n}) + \frac{16}{116}$ 이다.

$f(\frac{X}{X_n})$, $f(\frac{Z}{Z_n})$ 에 대해서도 마찬가지이다.

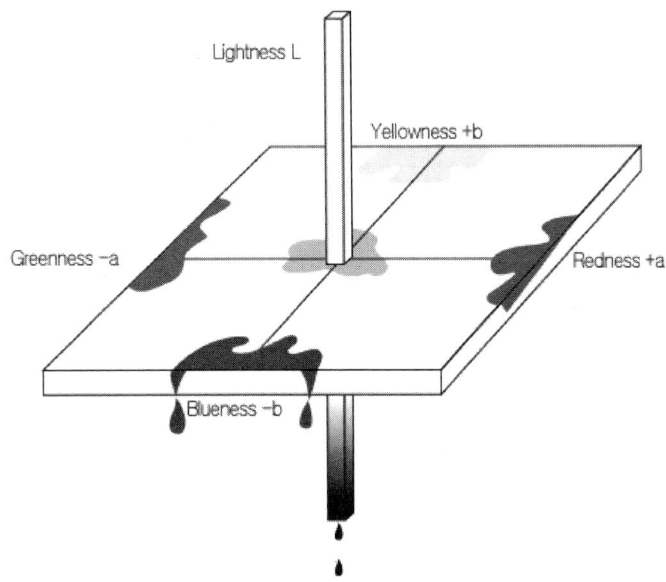

그림 1-36 CIELAB 색공간의 구조

그림 1-37은 CIE LAB 색공간의 이해를 돕기 위하여 나타낸 그림이다. 일반적으로 통용되는 빨간색, 초록색, 그리고 노란색 색표의 L^*, a^*, b^*를 그림에 나타내었다.

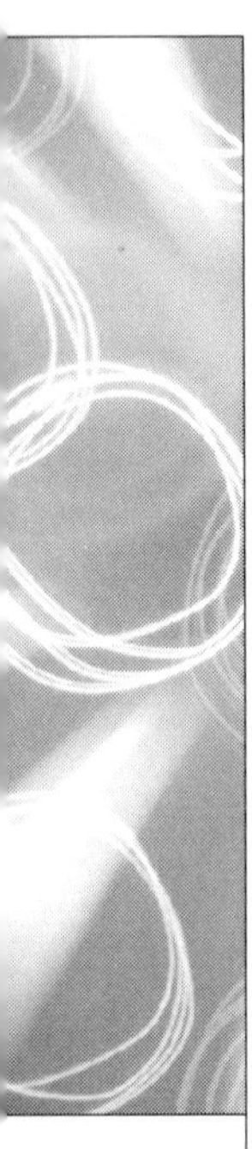

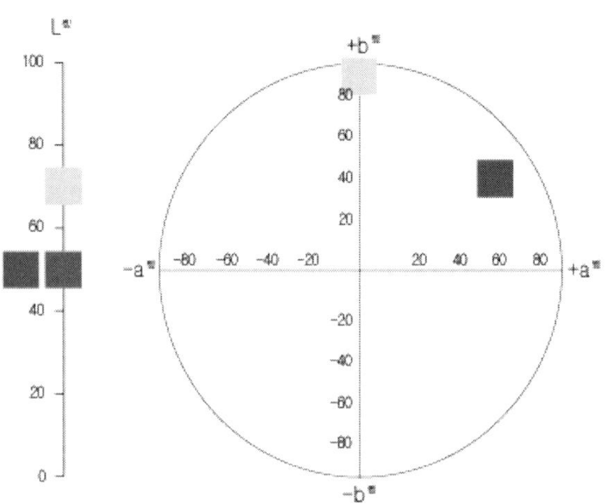

그림 1-37 색표의 L^*, a^*, b^*좌표 비교

CIE LAB는 균등 색공간이므로 두 색의 차이를 그림 1-38과 같이 공간상의 거리 차이로 나타낼 수 있다. CIE LAB 색공간에서의 색차 $\triangle E_{ab}^*$는 다음 식으로 정의된다.

$$\triangle E_{ab}^* = \sqrt{(\triangle L^*)^2 + (\triangle a^*)^2 + (\triangle b^*)^2}$$

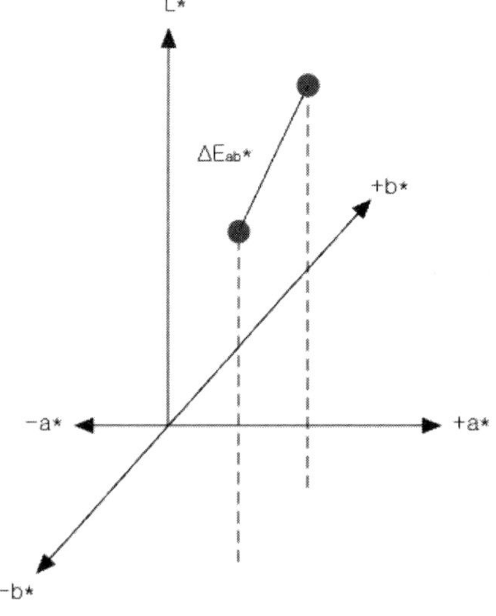

그림 1-38 LAB 색공간에서의 색차

6. 각종 광원의 특성

6-1. 광원의 기초

전기를 이용하여 빛을 얻는 광원은 발광원리에 따라서 크게 두 가지로 나눌 수 있다. 즉, 물체를 뜨겁게 달구어 빛을 내는 온도방사와 원자나 분자를 여기시켜 빛을 얻는 루미네슨스가 그것이다. 발광원리에 따라 광원을 분류하면 표 1-10와 같다.

표 1-10 발광원리에 따른 광원의 분류

<table>
<tr><th colspan="3">발광원리</th><th>대표적인 광원</th></tr>
<tr><td colspan="3">온도방사</td><td>백열 전구
크립톤 전구
할로겐 전구</td></tr>
<tr><td rowspan="3">루미네슨스</td><td rowspan="2">기체방전</td><td>저압</td><td>네온사인
형광 램프
저압 나트륨 램프
무전극 형광 램프</td></tr>
<tr><td>고압</td><td>고압 수은 램프
메탈핼라이드 램프
고압 나트륨 램프
무전극 HID 램프</td></tr>
<tr><td colspan="2">기타</td><td>LED
EL</td></tr>
</table>

6-1-1. 온도방사

가열에 의하여 물체가 발광하는 현상을 응용한 것으로, 온도가 높을수록 방사하는 에너지가 많으며, 색상이 점점 하얗게 된다. 이때 방사되는 파장은 연속적이며 태양에서 나오는 빛과 유사한 성질을 가진다.

온도방사를 이론적으로 연구하기 위하여 모든 파장을 흡수하는 흑체(blackbody)라는 물질을 가정하고 이에 대하여 여러 가지 연구가 진행되었으며, 가시광선에 대하여는 그림 1-39와 같은 모형을 사용하여 모의실험을 할 수 있다.

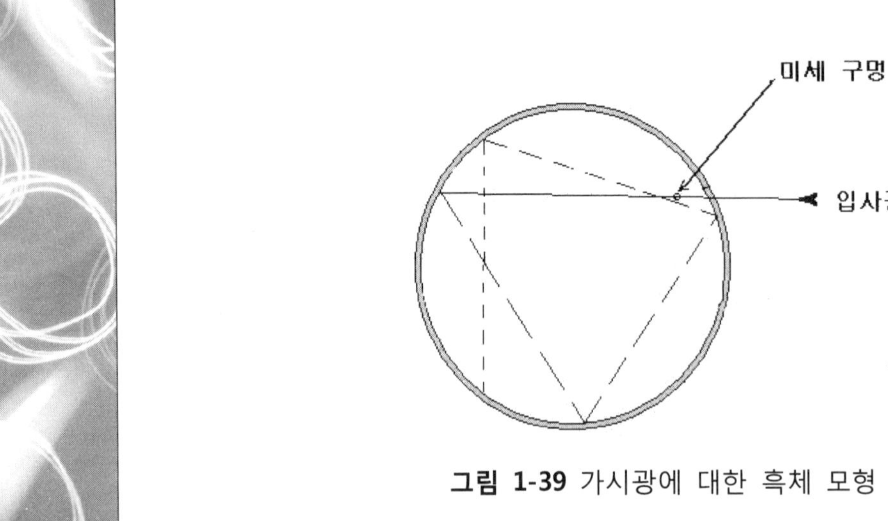

그림 1-39 가시광에 대한 흑체 모형

다음은 온도방사의 특성을 나타내는 중요한 몇 가지 법칙들이다.

(1) Wien의 변위법칙

최고 방사를 나타내는 파장은 온도에 반비례한다.

$$\lambda_m \cdot T = 2.8978 \times 10^6 \ [\mathrm{nm} \cdot \mathrm{K}]$$

(2) Stefan-Boltzmann의 법칙

전방사속은 물체 절대온도의 4제곱에 비례한다.

$$\Phi = \sigma \cdot T^4 \ [\mathrm{W/m^2}]$$

(3) Planck의 복사법칙

여러 연구자의 연구 결과를 종합하여 Planck가 흑체복사에 대한 수식을 정립하였으며 이것을 그림 1-40에 나타낸다.

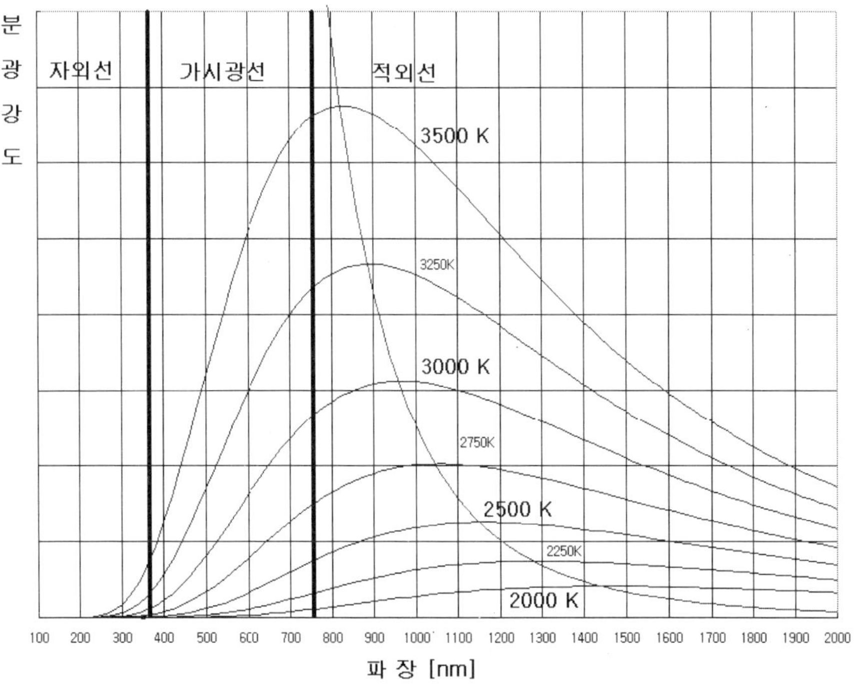

그림 1-40. Planck의 복사법칙

이 그림에서 온도가 올라갈수록 곡선의 최대점이 짧은 쪽으로 이동하는 것을 알 수 있으며, 이것이 변위법칙을 나타내는 것이다. 또한, 온도가 올라갈수록 곡선의 면적이 넓어지는 것을 알 수 있으며, 이것이 Stefan-Boltzmann의 연구 결과를 나타내는 것이다.

복사법칙을 나타내는 곡선을 살펴보면 곡선 영역의 대부분이 적외선 부분에 치우쳐 있음을 알 수 있다. 즉, 온도방사에 의하여 얻어지는 가시광선은 공급된 에너지의 극히 일부분이며 대부분은 열로서 소모됨을 알 수 있다. 백열전구는 필라멘트의 재질 특성상 3,200 [K] 이상으로 가열하기 힘들며, 일반 백열전구는 3,000 [K] 이하로 점등시키기 때문에 주어진 에너지의 10 [%] 이상을 빛으로 변환시키지 못하며 이 점이 백열전구가 효율이 낮은 근본적인 원인을 설명하고 있다.

이와 같은 온도방사의 저효율을 해결하기 위하여 다른 발광원리를 응용하기 시작했으며, 이와 같은 시도가 방전등을 만들게 하였다.

6-1-2. 루미네슨스

온도방사 이외의 모든 발광현상은 루미네슨스에 의한 것이며, 이것은 원자나

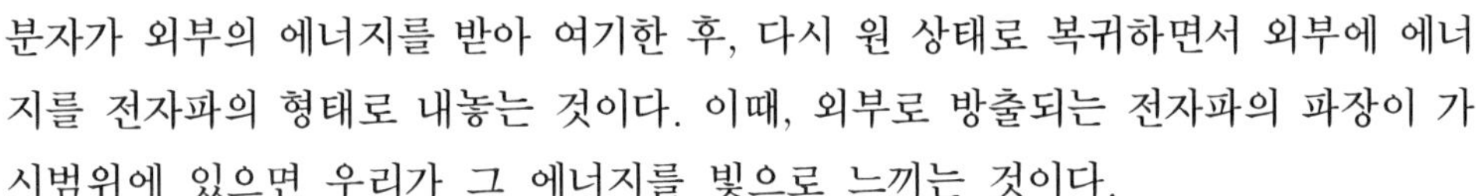

분자가 외부의 에너지를 받아 여기한 후, 다시 원 상태로 복귀하면서 외부에 에너지를 전자파의 형태로 내놓는 것이다. 이때, 외부로 방출되는 전자파의 파장이 가시범위에 있으면 우리가 그 에너지를 빛으로 느끼는 것이다.

그림 1-41에 루미네슨스의 원리를 나타낸다. 그림에서는 여기준위를 두 개만 나타내고, 방출되는 주파수(파장)도 따라서 두 개만 나타내었으나, 일반적으로 훨씬 더 많은 여기준위가 존재하며, 따라서 더욱 다양한 주파수(파장)이 방출될 수 있음을 의미한다.

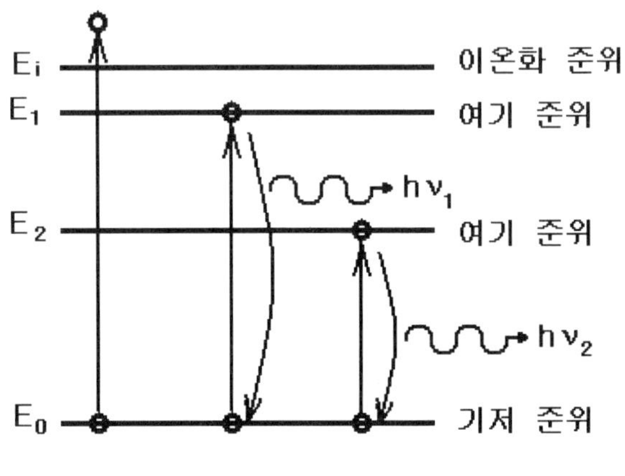

그림 1-41 루미네슨스

그림에서 가장 왼쪽의 전자는 아주 큰 에너지를 공급받아 이온화가 된 것을 나타낸다. 이온화된 전자는 원자나 분자에 구속되지 않는 자유전자가 되어 기체의 방전이나 전하의 운반 등에 참여한다. 이와 같은 자유전자는 기저준위로 돌아오지 않으므로 루미네슨스와 직접적인 관계가 없다. 반면에 가운데의 전자와 오른쪽의 전자는 적당한 에너지를 외부로부터 공급받아 기저준위에서 여기준위로 이동하였다가 다시 기저준위로 복귀하고 있다. 이때 가운데 전자는 오른쪽의 전자보다 높은 궤도(준위)에서 복귀하므로 더 많은 에너지를 외부에 내놓게 된다. 이것을 식으로 표현하면 다음과 같다.

$$\Delta E_1 (= E_1 - E_0) = h\ \nu_1 > \Delta E_2 (= E_2 - E_0) = h\ \nu_2$$

$$\therefore \nu_1 > \nu_2$$

$$\therefore \lambda_1 < \lambda_2$$

즉, 높은 궤도에서 복귀하는 전자가 더 짧은 파장을 방출한다. 이와 같이 방출하는 파장 중에서 가시파장이 방출되면 우리가 빛으로 느끼게 된다.

외부에서 어떤 형태로 에너지를 주는가에 따라 루미네슨스의 명칭이 결정되며 그 중에서 중요한 몇 가지는 다음과 같다.

① 전기(electric) : 기체 방전에 의하여 고속전자나 이온의 충돌에 의하여 기저준위의 전자가 여기. 일반 방전등에서 이용
② 전계(electro) : 외부에 강한 전계가 걸리는 경우 기저준위의 전자가 여기. LED, EL램프에서 이용
③ 방사(photo) : 전자파에 의하여 기저준위의 전자가 여기. 자외선을 형광체로 발광시켜 가시광을 얻는 형광램프의 형광체
④ 음극선(cathode ray) : 고속전자의 충돌에 의하여 기저준위의 전자가 여기. 브라운관의 형광체
⑤ 생물(bio) : 반딧불, 발광어류 등에서 루시페린의 산화에 의해 발광.

6-2. 간이 측광

조명 계산을 위하여 마감재의 반사율을 결정해야 한다. 마감재 재질의 반사율을 알고 있으면, 그 값을 사용할 수 있으나, 모르는 경우에는 조도계를 사용하여 다음과 같이 반사율은 물론, 투과율과 광도도 측정할 수 있다. 여기서 제시하는 방법은 간이 측정 방법으로서, 정확한 값을 측정하고자 하는 경우에는 각각의 값을 측정하는 계기를 사용하여야 한다.

6-2-1. 반사율 측정

(1) 입사광의 반사광 측정에 의한 방법

① 입사광에 의한 조도를 측정한다. 예를 들어 조도계의 지시치가 700 [lx]라고 하자.
② 반사광을 측정한다. 예를 들어 조도계의 지시치가 450 [lx]라고 하자.
③ 표면의 반사율 ρ를 계산한다.

$$\rho = \frac{450}{700} \fallingdotseq 64\ [\%]$$

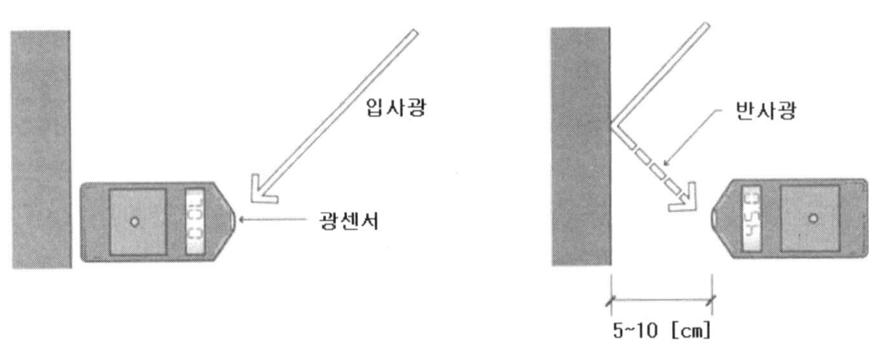

그림 1-42 반사광 측정에 의한 반사율 측정

(2) 기지의 시료를 이용한 측정 방법

① 반사율을 알고 있는 시료의 반사광에 의한 조도를 측정한다. 예를 들어, 시료의 반사율 ρ가 90 [%]이고, 조도계의 지시치가 600 [lx]라고 하자.

② 같은 위치에서 시료를 제거하고 조도를 측정한다. 예를 들어 조도계의 지시치가 430 [lx]라고 하자.

③ 표면의 반사율 ρ를 계산한다.

$$\rho = \frac{430}{600} \times 90 \fallingdotseq 65\ [\%]$$

반사율을 알고 있는 기지의 시료로서 Kodak사의 gray card가 있다. 이 시료의 반사율은 18 [%]이고, 스튜디오 촬영에 많이 이용되고 있다.

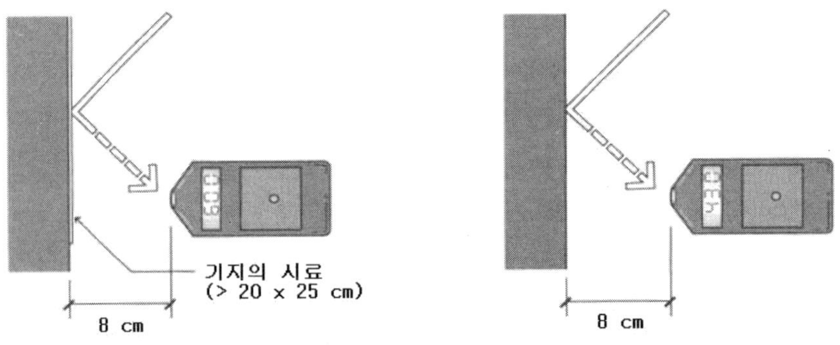

그림 1-43 기지의 시료에 의한 반사율 측정

6-2-2. 투과율 측정

① 투과율을 측정하고자 하는 시료를 통하여 조도를 측정한다. 예를 들어 조도계의 지시치가 800 [lx]라고 하자.
② 시료를 제거하고 조도를 측정한다. 예를 들어 조도계의 지시치가 1500 [lx]라고 하자.
③ 시료의 투과율 τ 를 계산한다.

$$\tau = \frac{800}{1500} \fallingdotseq 53\ [\%]$$

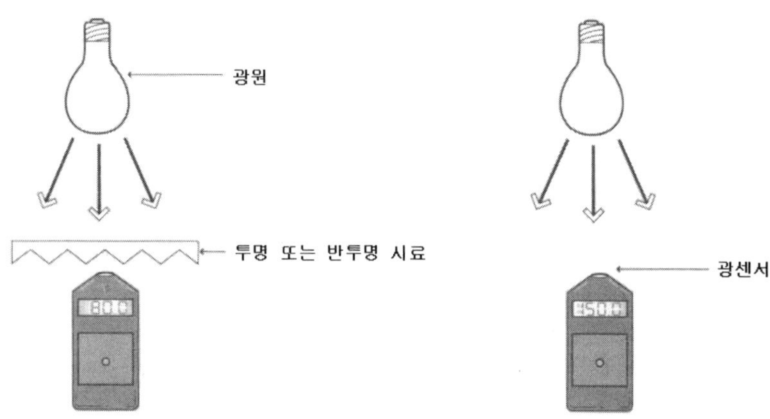

그림 1-44 투과율 측정

6-2-3. 광도 측정

① 등기구 크기의 5배 이상 되는 거리 r, 각도 θ 가 되는 곳에서 조도를 측정한다. 예를 들어 2 [m] 거리에서 법선과 30 [°]를 이루는 곳에서 조도계의 지시치가 800 [lx]라고 하자.
② 30 [°]를 이루는 곳에서 광도의 근사값을 계산한다.

$$I = 800 \times 2^2 = 3200\ [\mathrm{cd}]$$

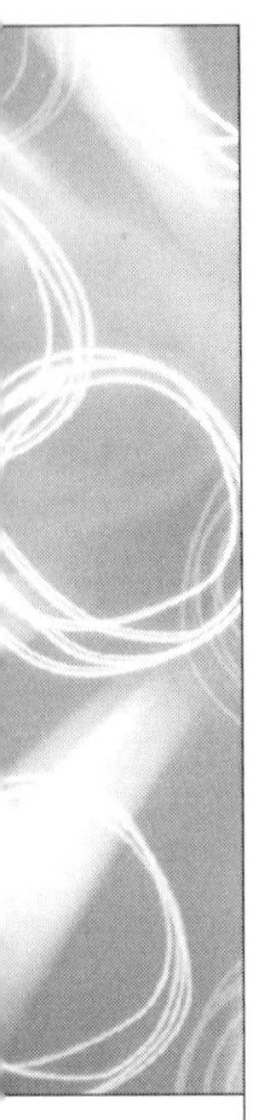

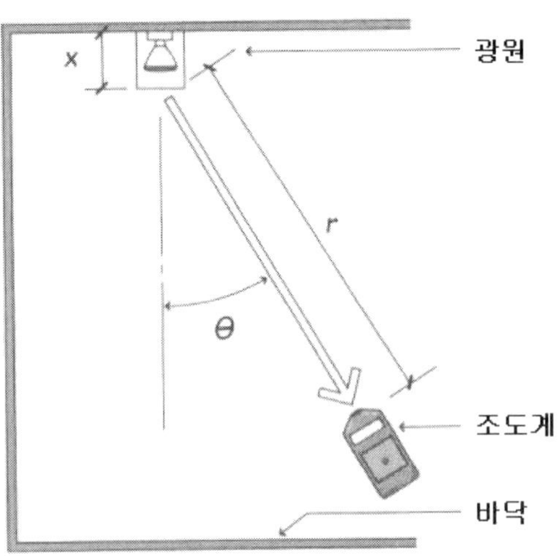

그림 1-45 광도 측정

6-3. 기존 광원의 기술동향

6-3-1. 백열전구

백열전구는 1879년 에디슨에 의해 탄화 면사 필라멘트 백열전구가 발명된 이래, 다른 램프에 비하여 저효율임에도 불구하고 저가, 고연색성, 배광제어의 용이성의 장점이 적용될 수 있는 경우, 꾸준히 사용되어오고 있다. 일반 백열전구의 경우, 신제품은 발표되지 않고 있으며 가장 최근의 것이 크립톤 전구, 세로형 필라멘트 채용 백열전구 정도이다. 할로겐전구에 대하여는 꾸준하게 신제품이 발표되고 있으며, 백열전구가 꼭 사용되어야 하는 곳에는 일반 백열전구보다 고효율, 저소비 전력의 할로겐 전구를 채용하는 실정이다.

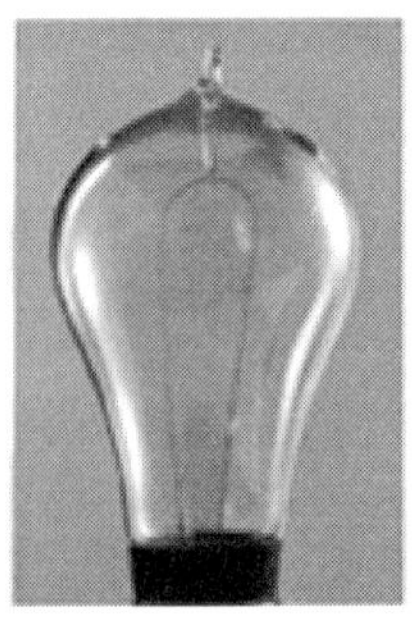 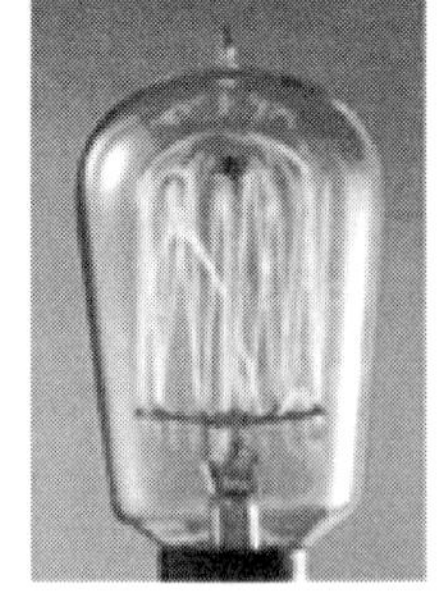 

그림 1-46 백열전구

외국에서의 신제품으로는 다양한 빔 각도를 가지는 PAR 타입의 할로겐 전구, 젖빛 확산 커버를 채용한 MR16 규격의 할로겐 전구가 발표되었으며, 제조사의 발표 규격에 따르면 이들 모두 수명 4,000 시간으로 기존 수명의 2배에 이르고 있다.

6-3-2. 형광램프

형광램프는 1938년에 발명되었으며 1970년대에 삼파장 형광램프의 출현으로 고효율, 고연색성을 함께 갖춘 램프가 개발되어 현재 여러 광원 중에서도 가장 널리 사용되어지고 있다. 최근에는 분광분포에서 청록색 및 짙은 적색에너지를 가한 오파장 형광램프도 선보이고 있다.

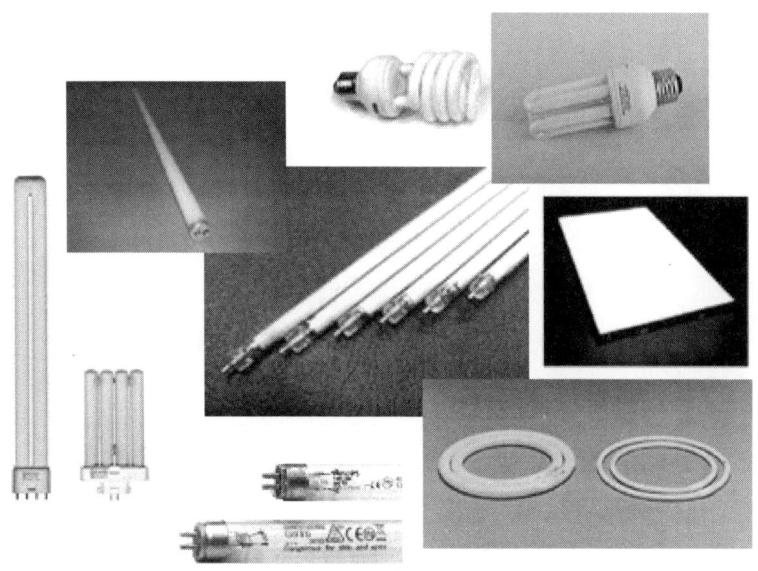

그림 1-47 각종 형광램프

가장 널리 사용되고 있는 직관 형광램프는 T10(관경 32 [mm])에서 급속히 T8(관경 26 [mm])로 대체되었고, 현재 기존의 T10 40 W 형광램프는 간판의 내부조명용으로만 허가가 나있다. 우리나라의 경우 26 [mm] 형광램프는 에너지 자원절약 차원에서 정부가 정책적으로 지원하고 있다. 최근에는 더욱 효율이 향상된 T5(관경 16 [mm]) 규격이 개발되어 유럽을 시작으로 빠르게 적용되고 있고 안정기 내장형 형광램프도 많이 이용되고 있다. 우리나라의 경우에도 몇 년 전 KS 규격이 이미 확정되었고 수입제품 뿐만 아니라 몇몇 국내 조명회사에서 자체 개발을

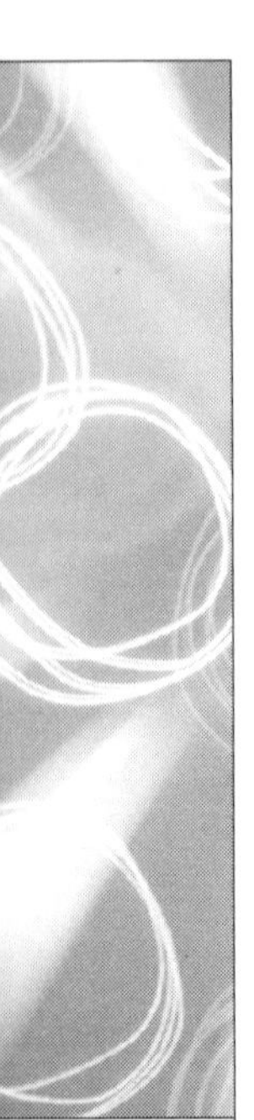

완료하여 시장 판매가 이루어지고 있다. T5 규격의 경우는 이전의 램프와는 길이, 핀 규격 등이 다르기 때문에 전용의 전자식안정기와 전용의 등기구를 사용하여야 하는 대체용이 아닌 신규용으로 고려된다. T5 램프의 경우 그 효율이 좋고 콤팩트하여 기존의 조명외에 장식용의 목적으로 여러 응용분야로 확대될 것으로 전망되고 있다.

에너지 소비량이 큰 백열전구를 대체하기 위해 개발된 콤팩트(compact fluorescent lamp; CFL) 형광램프는 새로운 램프의 모양, 다양한 크기 및 성능의 향상 등으로 그 시장성이 지속적으로 상승하고 있다. 그러나 이를 대체 가능한 무전극 램프나 LED 램프 등 신기술이 지속적으로 개발되고 있어 효율이나 가격에서 경쟁하게 될 것이다.

형광램프의 가장 선진화된 기술이라고 할 수 있는 CCFL(cold cathode fluorescent lamp)은 현재 일반조명용 광원보다는 주로 LCD용 Backlight로 사용되고 있으며 일본 등에서 독점기술을 지니고 있던 것을 얼마 전 국산화에 성공한 제품이다. 낮은 소비전력, 장수명, 우수한 진동 및 충격저항, 작은 크기와 경량을 특징으로 한다. 이는 기존 일반 형광램프에 비해 부가가치가 매우 높을 뿐만 아니라 LCD-TV에 적용되어 기하급수적으로 수요가 증가하게 되었다. 하지만, 현재 여러 가지 방법을 통하여 개발이 시도되고 있는 면광원이 상용화될 경우 가격이나 효율, 광균제도, 설치의 용이성 등에서 이와 경쟁해야하는 어려움을 겪게 될 수 있다. 현재 CCFL은 LCD용 Backlight 이외에도 낮은 소비전력, 장수명 및 고휘도를 장점으로 유도등(Exit Sign) 및 광고 패널의 광원으로 사용되고 있고 점차 그 활용범위를 일반 조명으로까지 넓혀가고 있다.

외국의 경우, 절전형 T8 28 [W] 직관 형광램프와 안정기, 수명 30,000 시간 이상의 장수명 직관 형광램프, TCLP 대응 T5, T5HO 직관 형광램프, 특수효과 연출에 사용하기 위한 T5 28 [W]의 3종(적색, 녹색, 청색)의 직관 형광램프, 고출력(소비전력 60, 85, 120 [W])의 콤팩트 형광램프, 기존 백열전구 등기구에 그대로 사용할 수 있는 각종의 소형 안정기 내장형 형광램프가 발표되었다.

6-3-3. HID 램프

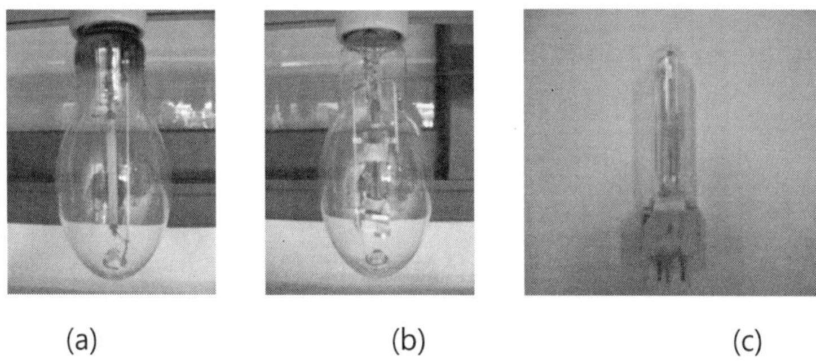

(a) (b) (c)

그림 1-48 각종 HID램프 a) 나트륨램프 (b) 석영메탈핼라이드램프 (c) 세라믹 메탈핼라이드램프

HID 램프는 소형화, 콤팩트화 되어가고 있는 것이 현재의 연구 개발 추세이다. HID 램프의 주요 광원인 메탈핼라이드 램프나 고압나트륨 램프와 같은 경우 기존의 고압수은등용 등기구를 사용하기 위해 램프 체적이 크게 설계되었다. 이는 열방출을 쉽게 하는데 도움이 되긴 하였지만 조광제어에 있어서는 걸림돌이 되었다. 조광제어를 원활히 하기 위해서는 형광체에 의한 특성 개선을 필요로 하지 않는 메탈핼라이드 램프나 고압나트륨 램프를 사용하여 발광관을 광원의 크기로 한 기구 설계를 필요로 한다. 즉, 광원의 크기는 외구의 크기에서 발광관의 크기로 바뀌게 된다. 램프의 크기가 작아지면 기구의 설계에는 여유가 생기는데 램프측에서 보면 열적인 부하가 증가하는 것이 되며, 그만큼 외형이나 발광관에 사용되는 재료나 설계의 재검토가 이루어지고 예컨대 용적비가 1:10정도이하로 되어 있는 램프의 경우, 외구에 통상 사용되고 있는 경질 유리 대신 내열성이 좋은 석영 유리가 사용되고 있다.

또, 점포조명 등의 경우에는 기구가 너무 눈에 뜨이지 않게 하는 것이 요망되는 경우가 있으며 효율이 높고 연색성이 좋은 소형 HID 램프가 사용되게 되었다. 이 용도에서는 특히 램프 자체가 작을 필요가 있으며 저전력화(150W 이하)와 함께 소형화가 진행되고 있다.

현재, 실외조명과 상업용 조명으로 널리 사용되고 있는 HID램프나 할로겐 램프를 대체하고 시장을 점점 넓혀가고 있는 램프가 UHP(ultra high pressure) 램프이다. UHP 램프는 필립스사에서 최근에 개발한 램프로서 일종의 초고압 램프이다. UHP 램프는 장수명, 점등 중의 광속의 높은 안정성을 특징으로 기존에 할로겐 램프가 점유하고 있던 광학기용 조명시장을 빠르게 대체하고 있다. 특히, 빔

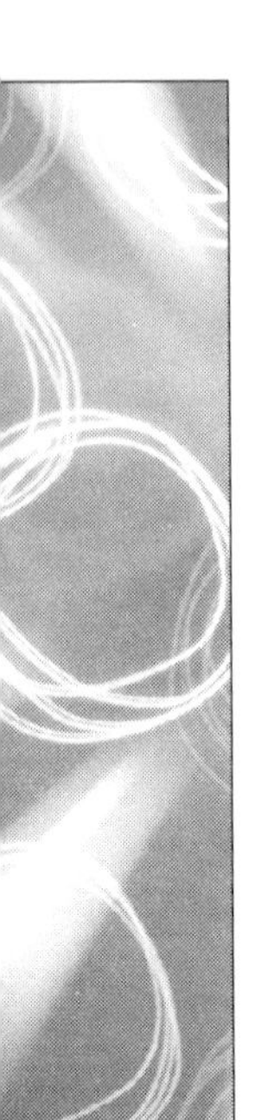

프로젝터나 프로젝션 TV의 수요의 증가에 따라 UHP의 수요도 계속해서 증가할 것으로 보인다.

외국의 경우 기존의 원통형에서 구형으로 발광관의 모습을 개조한 메탈핼라이드 램프, 35~100 % 까지 조광이 가능한 메탈핼라이드 램프와 전자식 안정기, 기존 1 [kW] 램프 대체용 875 [W] 메탈핼라이드 램프와 전용 안정기, 의료, 연구, 특수 효과 등에 사용될 수 있는 200, 270, 350 [W]의 소형 직류방전 램프, TCLP 대응 메탈핼라이드 램프, PAR64 세라믹 메탈핼라이드 램프, 다양한 규격의 세라믹 메탈핼라이드 램프, T4 규격의 세라믹 메탈핼라이드 램프, 등기구 디자인을 용이하게 해주는 100 [W] 콤팩트 고압나트륨 램프 등이 발표되었다.

6-4. 신광원 기술동향

6-4-1. 무전극 램프

무전극 램프의 기본 동작원리인 고주파 무전극 방전은 100여 년 전에 발견한 현상이지만 조명용 광원으로 본격적으로 연구된 것은 1970년 중반부터였다. 하지만 상품화에는 실패하였고 1990년대에 들어와서 미국, 네덜란드 및 일본 등에서 개발 및 상품화가 급속도로 진행되어 현재, GE, Osram, Philips, National 등 세계적인 조명회사들이 다양한 규격의 제품들을 세계시장에 판매하고 있다.

국내의 경우 무전극 방전램프가 연구, 개발과제로서 부각된 것은 수년 전이며, 국책과제로 사업이 완료되었다. 저압 형광형은 금호전기를 중심으로 수 십에서 150 W급을 개발하여 시판하고 있고, 고압형은 몇몇 업체들이 개발하였으며, LG 전자는 700 W급을 개발하여 시판하고 있다.

방전램프의 전극은 상당한 에너지 손실원이며 제조하기가 까다롭고 점등 실패의 결정적 원인이 되는 등 전극으로 인해 여러 가지 문제가 발생한다. 그러나, 무전극 방전을 이용할 경우에는 이러한 점이 해소되므로, 수명의 측면에서 보면 이것만큼 확실한 해결책은 없다. 일반적인 형광램프의 수명이 8,000시간인 반면에 무전극 형광램프의 가장 큰 장점인 장수명 특성은 초기 광속 대비 55%까지 수명이 약 10만 시간 정도로 몇 배 이상이 된다. 이 값은 1일 10시간 씩 사용 시에 27년 이상 사용이 가능한 수치이다. 결국, 장수명, 고효율 조명으로서 대폭적인 에너지 절감을 할 수 있고, 적절한 곳에 사용할 경우 유지 및 보수비를 획기적으로 절감할 수 있다. 또한 봉입되는 수은의 양을 최소화 하여 환경 유해 물질을 최소화 할 수 있는 매력적인 장점을 가지고 있다.

그러나, 이러한 많은 장점을 가졌음에도 불구하고 제품을 사용화하기에는 몇 가지 어려움이 있다. 첫째가 경제적인 측면이고, 둘째는 제한된 동작주파수이며, 셋째가 전자파 간섭의 문제이다. 일반적으로 RF방전을 발생시키고 유지하기에는 높은 주파수가 유리하지만 동작주파수 선택의 폭이 한정되어 있고, RF 전원장치의 복잡한 스위칭 회로의 제작은 비싸질 수 밖에 없다. 또한, 각종 의료장비 및 통신기기, 계측기와 인체에 유해성 유무에 논란의 여지를 가지고 있는 EMI(electromagnetic interference)억제에 대한 관심은 점점 증대하고 있으며, 이러한 점들의 개선은 꾸준한 연구를 통해 모색되어야 할 것이다. 또한 무전극 형광램프의 전력 효율은 램프 내의 가스 종류, 가스 압력, 램프 형상 자성체 재료 및 형상 그리고 동작 주파수 등에 큰 의존성을 가진다. 특히 제한된 주파수에서의 효율 향상을 위해서는 램프의 구조설계 분야도 큰 비중을 차지한다. 특히, 고주파 에너지를 공급하는 장치는 중앙부에 발생하는 공진 주파수를 전자기장을 이용하여 에너지를 공급하는데, 이때의 전기적인 변환 결합은 대단히 중요하며, 지금까지 이를 위한 많은 특허와 기술보고가 있으나 실용적으로는 많은 해결해야 하는 문제점들이 많다.

외국에서는 Philps의 QL 램프, Osram의 Endura, GE의 Genura가 발표되어 이미 상용화 되고 있으며, 최근 국내에서도 그 사용이 급격히 늘어가고 있다.

6-4-2. LED

반도체 기술의 발전으로 기존에는 전자회로 부품으로 사용되던 LED(lighting emitting diode)가 또 다른 조명용 광원으로 대두되고 있다.

1960년대 말부터 LED 광원이 실용화되기 시작하였으며, 현재는 미래의 첨단 조명으로 많은 연구가 이루어지고 있다. LED는 전류를 인가하면 빛을 내는 화합물 반도체로 순수한 파장의 빛을 가진 단색광원체이다. 원색의 경우 단파장발광으로 고순도 칼라를 재현할 수 있으며, 단파장색의 혼합에 의해 중간색의 표현도 가능하다. LED의 특성상 기존전구의 1/20~1/50 정도의 저전력 소비로 에너지 절감 및 환경 친화적 제품의 대표주자라 할 수 있다.

현재, 전구형, 막대형 등의 제품이 시중에 판매되고 있으며 정부에서는 기존의 백열전구 신호등을 LED 신호등으로 대체하는 사업을 추진하여 대부분의 지자체에서 교체하였다. 특히, 신호등 분야의 경우 150 [W] 백열전구가 18 [W] LED로 대체되므로 에너지 절감량이 매우 크다.

가까운 장래에 LED는 MR 램프(할로겐 전구)나 소형 조명시장의 일정부분을 차지하게 될 것으로 예상되며, 자동차용 액세서리등 및 방향지시등, 항공장애등

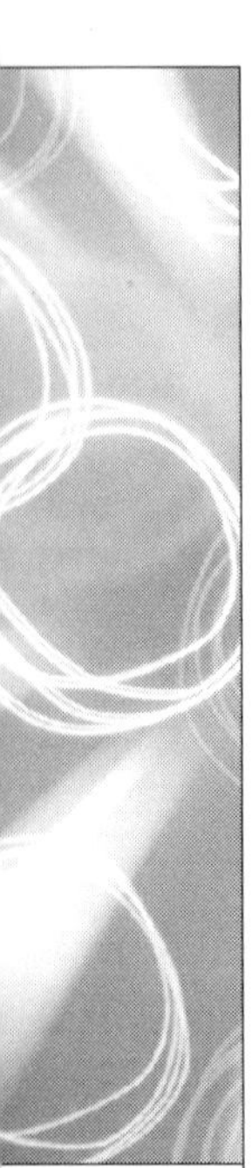

등에도 사용되고 있으며, 자동차 전구 중 가장 광출력이 큰 전조등에도 사용이 추진되고 있다. 또한 LED Red, Green, Blue, White 4핀을 이용하여 길게 전선으로 LED를 병렬로 연결하여 점등시키는 LED Bar의 경우 기존의 네온광고판 시장에 진출이 가능할 것이다. 먼 장래에는 고효율화(2010년 목표효율 약 200 [lm/W])에 의하여 일반용 광원의 주류로 될 것이라는 예측도 있다. LED의 조명에의 응용에 대한 자세한 사항은 다른 보고에서 다루고 있으므로 이를 참조하기 바란다.

6-4-3. 기타 신광원

최근 무수은 고효율 박막 발광에 대한 관심이 높아지면서 EL 램프, CNT(carbon nano tube) 등의 신소재를 사용한 램프에 대한 관심이 높아지고 있다.

CNT 램프는 CNT라는 탄소 동위원소를 전자방출소자로 이용한 전극과 형광체를 도포한 전극사이에 고압의 전계를 가하면 전자가 방출되어 전면의 형광체를 여기시키는 방법으로 기존의 FED와 같은 발광원리를 지니고 있다. CNT광원은 고휘도 구현이 가능하여 현재 실험실 수준에서 최고 100,000 [cd/m2]의 휘도를 얻은 것으로 보고되었다. 램프의 두께는 약 2~3 [mm]로 초박형이다. CNT의 가장 큰 장점은 수은이 전혀 필요없다는 것이다. 현재, 정부에서 추진하고 있는 형광램프의 수은규제와 맞물려 무수은 램프라는 장점이 부각되고 있다. CNT를 이용한 램프는 기존의 면광원과 같이 LCD용 Backlight로 사용될 수 있으며 가격과 효율면에서 어느 정도 경쟁력이 확보된다면 추후 광고용이나 일반조명용으로도 쓰임새가 넓어질 수 있다. 현재, 외국의 몇몇 연구소에서 연구·개발 차원으로 신호등, 20W 직관형 형광램프에 적용하여 점등 실험을 하였다는 보고가 있으며, 국내에서는 정부 국책과제로 연구개발이 진행되고 있다. CNT Powder는 국내 제조사에서 개발이 완료된 상태이다.

EL 램프는 1936년 투명전극과 일반 전극사이에 절연체를 충진시키고 교류전압을 공급할 때 발광현상이 일어나는 것을 응용한 제품으로 저전력 소비, 초박형, 자유 형상으로 제조가 가능하다는 장점을 가지고 있다. 수명은 무기발광재료를 사용할 경우 10,000 시간 정도로 보고 있으며, 실용상 휘도가 너무 낮아 한동안 제조 및 연구가 중지된 상태였다. 최근, 유기발광재료의 개발에 힘입어 다시 연구가 진행되고 있으며(OLED), 수명 3,000 시간 정도로 다른 광원에 비하여 짧다는 단점이 있으나, 초기의 장점은 그대로 유지하고 있어 그 응용이 주목된다. 주요 성능 개선점으로는 구동 주파수 증가에 의하여 휘도와 소비 전력을 증가시켜 현재 휘도 50~200 [nt]의 제품도 발표되고 있다. 특히, OLED는 디스플레이 소자로 이용하려는 연구가 활발하다.

이외에도 외부전극 형광램프(EEFL, 수명 50,000 시간의 장수명. 일반 냉음극 형광램프 사용 가능. 하나의 전원장치로 여러 개의 램프를 점등), 무수은 Xe 평판 형광램프(상품명 Planon. Osram사 제조. 효율 30 [lm/W], 휘도 10,000 [nt]) 등의 여러 가지 신광원이 발표되고 있다.

제 2 장 고효율 백색 LED 기술

제 1 절. LED성장 공정기술

1. 개요

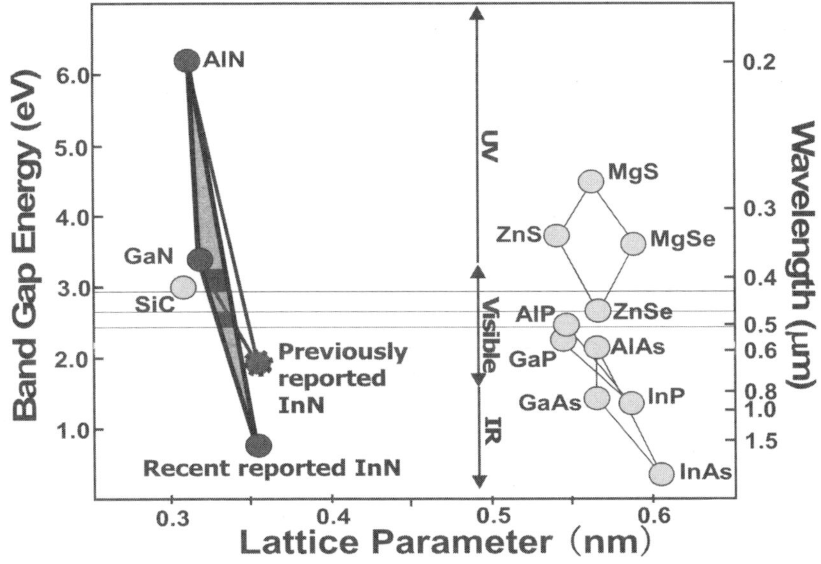

그림 2-1 질화물계 반도체의 상온에서 밴드갭과 격자상수의 차이

자외선, 청색, 녹색 및 백색 발광다이오드 (Light emitting diode, LED)와 레이저 다이오드 (Laser diode, LD)의 최근 급속한 발전 속에 III-족 질화물계 시스템은 많은 관심을 받고 있다 [1-8]. 일반적으로 질화물계 소자는 Wurzite 구조의 직접천이형 반도체로서 그림 2-1에서 보여주듯이 6.2 eV (AlN)에서 3.4 eV (GaN)를 걸쳐 0.7 eV (InN)까지의 넓은 에너지 밴드갭을 형성하고 있다. 이는 세 가지 질화물 반도체를 적절히 조합에 따라서 UV (210 nm)에서 가시광선영역을 포함한 IR(1770 nm)까지 전 파장 영역의 광전 소자의 구현이 가능함을 의미한다. 이러한 질화물계 반도체 소자는 우수한 광학적 특성에 추가적으로 고온에서의 높은 열안정성, 높은 열전도도, 훌륭한 화학적 안정성, 높은 이동도 및 훌륭한 기계적 특성을 갖고 있다. 이러한 질화물계 반도체 소자의 기초적인 특성은 표 2-1에 나타내었다.

표 2-1 질화물계 반도체의 기본적인 물성 [8]

Properties	GaN	AlN	InN
Band gap energy (eV)	3.39	6.2	0.7*
Lattice constant (Å)	a=3.189 c=5.185	a=3.112 c=4.982	a=3.548 c=5.760
Thermal expansion coefficient (10^{-6}/K)	da/a=5.59 dc/c=3.17	da/a=5.59 dc/c=3.17	
Thermal conductivity (W/mK)	130	200	
Index of refraction	2.33	2.15	2.9
Dielectric constant (η)	9.5	8.5	
Electron effective mass (m_0)	0.20		0.11
Melting point (°C)	>2300	>2800	>1200
SAW velocity (m/s)	GaN/sapphire 5,850	AlN/sapphire 6,170	

최근에 들어 대부분의 3족-질화물계 반도체 소자는 고출력 자외선, 청색, 녹색 및 백색 LED소자 상용화에 대한 연구개발이 집중되고 있다. 또한, 자외선 LD 소자를 이용한 blu-ray disc의 광원 및 청색/녹색 LD 소자를 이용한 레이저 디스플레이 분야로도 상용화에 대한 연구가 진행되고 있다 [3-7]. 이러한 질화물계 발광소자의 경우 InGaN층이 빛을 나타내는 활성층으로 사용되고 있다. 이 InGaN 활성층에서 In의 조성을 변화함에 따라서 발광 파장을 363 nm에서 1770 nm까지 변화할 수 있기 때문에 발광소자에서 매우 중요한 박막층으로 연구되고 있는 실정이다.

2. III-nitride계 반도체 물질의 특성

2-1. GaN계 박막의 성장 역사

2-1-1. 결정 성장

GaN계 결정은 1928년 W. C. Johnson, J. B. Parsons, M. C. Crew에 의해 최초로 보고되었다. 암모니아 기체 안에서 금속 Ga의 변화를 통하여 결정질의 GaN을 생산하였으며 이때, GaN의 형성 반응식은 다음과 같다.

$$2Ga + 2NH_3 \rightarrow 2GaN + 3H_2 \quad [9]$$

GaN의 단결정 needle형태는 암모니아 가스에서 Ga금속을 가열함에 따라서 형성되었고 [10] GaN 벌크 성장에 대한 연구가 지속적으로 진행되어 T. Matsumoto 그룹에 의해 추가적으로 보고되었다 [11].

2-1-2 박막 성장

GaN의 박막은 vapor transport에 의해 최초로 보고되었으며 [12] 이 성장법은 기판의 표면위에서 다음과 같은 반응식으로 수행되었다.

$$GaCl + NH_3 \rightarrow GaN + HCl + H_2 \ (850^{\circ}C)$$

최근의 MOVPE (Metalorganic Vapor Phase Epitaxy)법에 대한 선도적인 연구방

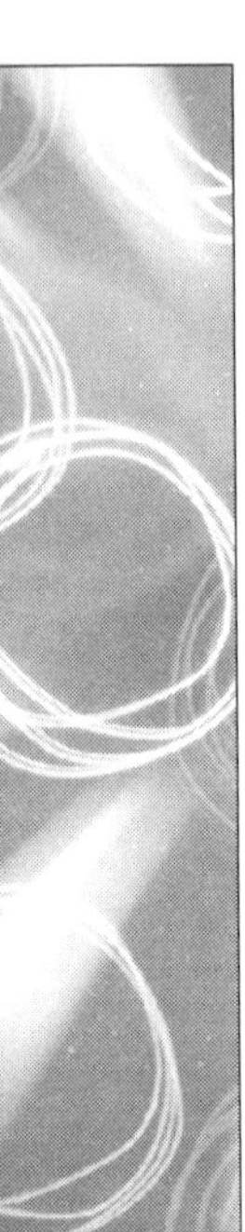

법으로 사파이어와 SiC와 같은 이종기판을 이용하여 GaN박막을 형성하였다. 최근의 질화물 반도체 박막의 성장 방법은 MBE(Molecular Beam Epitaxy), GSMBE(Gas Source Molecular Beam Epitaxy), MOCVD (Metal-organic Chemical Deposition) 등으로 세분화되었지만, 가장 좋은 막질은 MOVPE/MOCVD에서 얻어질 수 있었고, 대부분의 LED 생산업체에서는 MOVPE/MOCVD를 이용한 고품질의 박막성장 공정을 수행하고 있다.

2-1-3 MOCVD시스템의 이용한 GaN박막 성장

질화물계 박막을 증착시키기 위해서는 MOCVD내에서 기본적인 박막 증착 반응식은 다음과 같다.

$$Ga(CH_3)_3(v)+NH_3(v) \rightarrow GaN(s)+3CH_4(v) \quad (1030^{\circ}C)$$

상기 반응식은 특정 반응 경로와 반응종이 세부적으로 자세히 알려져 있지 않고 있는 실정으로, Kurabayahi그룹에서 보고된 것처럼 GaAs박막의 성장법을 나타내는 반응경로와 유사하게 TMGa(Trimethylgallium)의 균일 증착 공정과 유사할 것이다 [13].

2-2. GaN계 기본적 물질의 특성

최근 가장 각광을 받고 있는 GaN의 결정방향의 대한 특성은 표 2-2에 자세히 나타내었다.

표 2-2 GaN의 물리적 특성

Physical properties	Value
Molecular weight	84
Density (hexagonal)	6.15 g/cm^3
Decomposition temperature (hexagonal)	~ 2,500°C
Crystal types	Cubic (Zincblende); hexagonal (Wurtzite)
Band gap (300°K)	3.26 ~ 3.45 eV
Breakdown electric field	~ 5 x 10^6
Electron mobility (300°K)hexagonal	1,350 cm^2/vs
Hole mobility (300°K)	~ 150 cm^2/vs
Electron saturated drift velocity	2.7 x 10^{7}cm/s

2-2-1. 결정구조

GaN의 결정구조는 크게 간접천이형 zincblende구조와 직접천이형 wurzite구조로 구분될 수 있다. 하지만, 최근 발광소자인 LD/LED소자로 사용되는 결정구조는 직접천이형 wurzite구조이다.

표 2-3 질화물계 재료의 결정 구조

Orientation	Wyckoff notation	Crystal type	Description
3C	CCC	Cubic	Zincblende
2H	CH	Hexagonal	Wurtzite

2-2-2. 밴드갭

앞서 언급하였듯이, 직접 천이형을 갖는 wurzite구조의 GaN의 경우 고주파수, 고온, 고출력의 응용분야에서 사용될 수 있다. 이는 직접천이형 반도체로의 특성을 갖고 있기 때문에 GaN계 발광다이오드의 경우 SiC LED소자에 비하여 발광세기가 10배에서 100배까지 클 수 있고, 그 효율은 약 100까지 증가시킬 수 있을 것이다. 또한, 3.0 eV의 밴드갭 에너지를 갖기 때문에 질화물계 소자의 경우 낮은 접합 손실, 높은 포토다이오드, 높은 저장 시간을 가질 수 있을 것이다 [3].

2-2-3. 열전도도 및 열팽창계수

GaN의 열전도도는 SiC의 열전도도보다 적지만, GaAs 보다는 훨씬 큰 값인 1.3W/cmoC을 나타낸다. 따라서 고출력 응용분야에 있어서 GaN의 사용은 정류기 및 thermistor에 사용할 수 있을 것이다. 또한, GaN의 열팽창계수는 3.2 에서 5.6 x 10-6/K를 나타내고 있다. 이는 Si과 GaAs보다 낮은 값을 보이지만, SiC보다는 약 33%정도 큰 값을 나타내고 있다 [8].

3. III-N계 광전소자의 응용분야

3-1. 청색, 녹색, 백색 발광다이오드

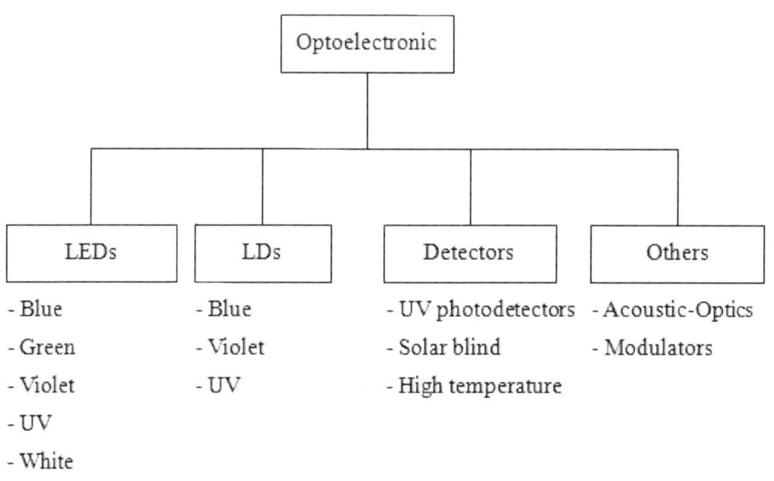

그림 2-2 질화물계 박막을 이용한 응용소자

1993년 일본의 Nichia사와 Toyoda Gosei사의 질화물계 청색 LED 개발 이후 세계 LED소자 시장은 급격히 증가하고 있다. 질화물계 LED, LD, 자외선 검출기 등의 세부 응용분야는 그림 2-2에 표시하였다. 질화물계 청색, 녹색 및 백색 LED 소자는 대화면 풀컬러 디스플레이, 자동차 헤드램프/방향지시등/내외부 인테리어, 신호등, 휴대폰의 발광소자 및 LCD/휴대용 디스플레이의 광원으로 각광을 받고 있다. 또한, 발광소자의 출력이 증가함에 따라서 건물 내외부의 장식 및 조명용 광원으로 그 응용 분야는 지속적으로 증가하고 있는 추세이다. 특히, 최근 LED TV의 개발로 인한 백색 LED 개발에 대한 전 세계적인 needs가 증가하고 있고 있다. 또한, 지속적인 고출력화 및 에너지 절약의 효과에 따라 질화물 반도체 발광소자는 기존 조명시장의 대체가 가능하리라 판단된다. 따라서 질화물계 발광 다이오드의 시장은 더욱 증가 할 것이다. 또한, 최근 AlGaN의 활성층을 이용한 UV LED 소자의 경우 살균, 향균용 발광소자로서 환경적인 요소로 그 응용분야가 해양 및 수질 개선 등으로 크게 확장되고 있다.

3-2. 자외선, 청색, 녹색 레이저 다이오드

1999년 일본의 Nichia사를 시작으로 소니, 삼성 등에서 GaN계 405nm 청자색 레이저 다이오드가 개발되었고, 세계 시장에 소개되었다 [3-7]. 이 청자색 레이저 다이오드의 응용분야는 센서, 스펙트로스코프, 프린팅 및 차세대 blu-ray disc의 광원으로 사용되고 있다. Nichia사의 레이저 다이오드는 InGaN 다중양자우물구조를 사용하여 제작되었다. 이후 고출력, 저발진 개시 전류 등의 레이저 다이오드의 발진 특성이 향상되어 현재 고저장 용량/고속의 blu-ray disc의 광원으로 사용되고 있다. 또한, InGaN 다중양자우물구조에서 In함량의 증가에 따라서 청색 및 녹색 레이저 다이오드가 개발되고 있다. 청색과 녹색 레이저 다이오드의 개발은 적색 레이저 다이오드와 함께 R/G/B의 삼원색을 완성함으로 레이저 디스플레이를 구현할 수 있을 것이다. 최근 2009년 5월 일본의 nichia사는 515nm의 녹색레이저의 개발을 발표함에 따라 고품질/휴대용 레이저 디스플레이의 개발이 지속적으로 확대될 것이다.

3-3. 기타 질화물계 소자

질화물계 자외선 검출기는 광자 검출기와 열 검출기로 구분할 수 있을 것이다. 광자 검출기의 경우, 입사한 광자가 물질 내에 흡수되어 전자와 반응한다. 이러한 자외선 반도체 검출기의 장점은 군사용 응용분야에서 우선적으로 연구되었다. 이러한 질화물계 자외선 검출기는 넓은 반응 파장 범위, 훌륭한 linearity, 높은 양자효율 등에 의해 각광을 받고 있다. 또한, 질화물계 반도체 소자의 빠른 캐리어의 이동도에 의해 전자소자에도 활용되고 있고, 최근 전자소자와 바이오물질과의 특성을 이용한 질화물계 바이오 센서에 대한 연구도 급격히 진행되고 있다.

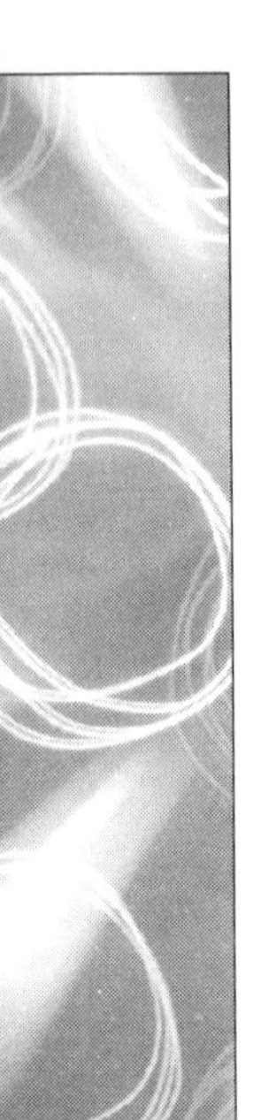

4. MOCVD시스템을 이용한 GaN계 박막 성장 이슈

질화물계 반도체는 앞서 언급하였듯이, 밴드갭 엔지니어링을 통하여 자외선에서 가시광선을 포함한 적외선 영역까지 넓은 영역에서 발광소자 및 전자소자 등으로 사용가능 할 것이다. 이러한 소자 제작을 위해서는 고품질 질화물계 박막성장이 필수적이다. 하지만, 고품질 질화물계 기판의 부재에 기인한 결함 발생, InGaN 성장 시 In의 상분리, P-type 도핑의 등의 중요한 문제로 인하여 고품질 박막을 얻는데 어려움이 존재한다.

4-1. 질화물 반도체 동종, 이종 에피탁시

4-1-1. 벌크 GaN결정 성장

질화물계 반도체를 박막을 이용한 발광소자, 전자소자 등을 제작함에 있어서 가장 중요한 포인트로 벌크 GaN 결정성장을 통한 저결함 기판 제작이다. 하지만, GaN의 녹는점이 약 3000도정도로 상당히 높다. 또한, Ga과 N의 두 가지 요소를 이용한 화합물 기판을 성장하는데 있어서 Si기판과는 다르게 많은 문제가 존재하고 있다. 벌크 GaN 기판을 제작하기 위해서 최근 가장 많이 사용되는 기술은 HVPE (Hydride Vapor Phase Epitaxy)법으로 미쯔비시, 히타치, 삼성코닝등이 이와 같은 방법으로 벌크 GaN기판을 개발하고 있으나, 웨이퍼의 크기 및 결함 밀도 등이 기존의 Si이나 GaAs에 미치지 못하는 실정이다. 표 2-4는 GaN기판을 생산하고 있는 업체별 기판의 결함 밀도 및 크기를 요약한 것이다. 최근 들어 기판의 결함 밀도를 높이고자 ammonothermal법을 이용하여 bulk GaN을 성장하는 방법이 개발되었으나 아직까지 초기단계이다.

표 2-4 GaN기판 공급 업체별 스펙 (2007년 기준)

	회사명	크기	두께 (㎛)	전위 밀도 (/cm²)	N-도핑농도 (/cm³)	Usable area	가격
1	Sumitomo (Japan)	18 x 18 mm² / 50 mm (직경)	≥ 400	1 x 10⁵	> 1E18	80%	400 만원 (18 x 18 mm²)
2	Hitach Cable (Japan)	1.5 inch (직경)	≥ 400	3 ~ 4 x 10⁶	> 1E18	80 %	1000 만원
3	Cree (USA)	18 x 18 mm²	≥ 400	4 x 10⁶	> 1E18	90 %	400 만원
4	삼성 코닝	18 x18 mm² / 16 x 14.5 mm²	250 ~ 300	4 ~ 6 x 10⁶	> 1E18	50 %	300 만원
5	Kyma Inc. (USA)	2 inch (직경)	350	High x 10⁶	> 1E18	30 %	1200 만원

4-1-2. 저온 버퍼층 형성기술

일반적으로 질화물계 박막은 사파이어 기판을 이용한다. 하지만, 사파이어 기판과 질화물 반도체 박막사이의 큰 격자 상수차이에 기인하여 많은 결함이 발생한다. 따라서, 일본의 Amano와 Akasaki그룹에서 AlN버퍼층을 최초로 사용하여 결함 밀도를 낮출 수 있었다. 추가적으로, 일본의 Nichia사에서는 저온 GaN버퍼층을 형성하여 사파이어와 질화물계 박막사이의 계면에서 발생하는 전위를 버퍼층에 가둬두는 방법을 제안하였다.

또한, 사파이어 기판위에서 성장되는 질화물 반도체 박막는 열팽창계수의 차이에 기인하여 압축응력에 발생한다. 따라서, 이러한 응력을 제거하기 위하여 격자 결함이 발생을 동반한다. 그러므로 저온에서 성장된 질화물계 버퍼층은 격자상수와 열팽창계수의 차이를 완화시켜 상대적으로 결함 밀도를 낮출 수 있다. 그림 2-3은 저온에서 성장된 AlN 버퍼층을 이용한 GaN박막이 형성되는 4가지 성장 프로세스를 나타낸 것이다 [19].

1) AlN 버퍼층의 핵생성 자리에서 GaN이 island 성장 단계
2) GaN island의 측면 성장 단계
3) 측면성장을 통한 GaN island의 합체 단계
4) 합체된 GaN의 의사 2차원 성장을 통한 평탄화 과정

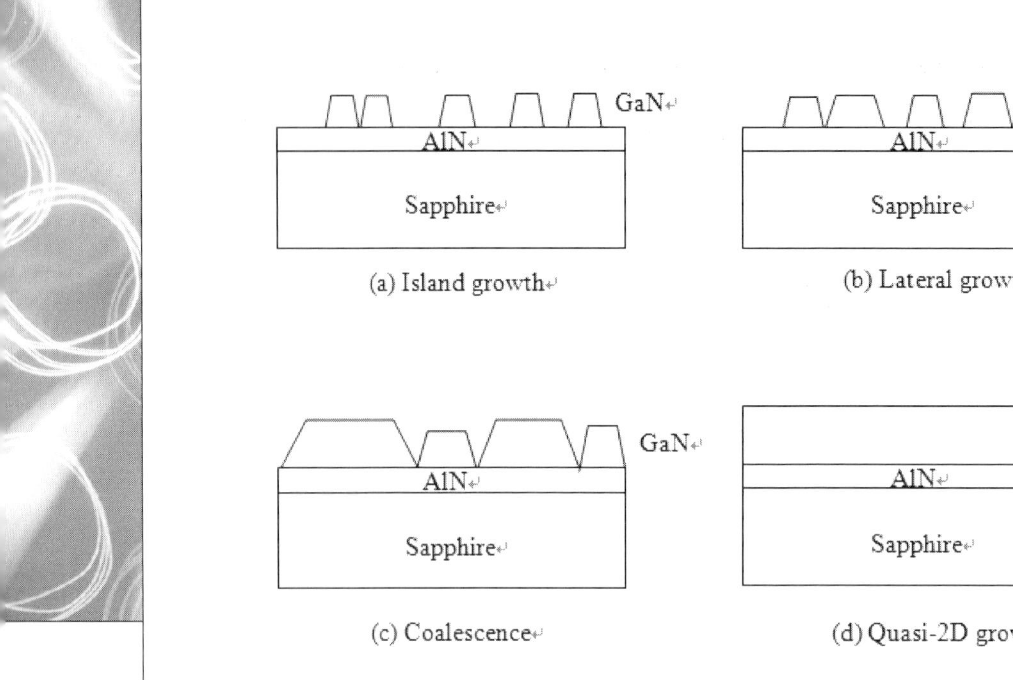

(a) island 성장 (b)측면 성장 (c) coalescence 단계 (D) Quasi-2D 성장 단계

그림 2-3 사파이어 기판위에서 질화물 반도체 박막의 초기 성장 과정

4-1-3. Epitaxial Lateral Overgrowth (ELO)법

사파이어 기판을 이용하여 질화물 박막 성장 시 결함을 감소시키기 위한 가장 중요한 기술은 측면 성장법을 이용한 ELO법이다 [14]. 이는 사파이어 기판을 이용한 GaN 또는 InGaN층의 결함 밀도를 감소시킴에 의한 발광다이오드나 레이저 다이오드의 특성을 향상시키는데 큰 기여를 하였다.

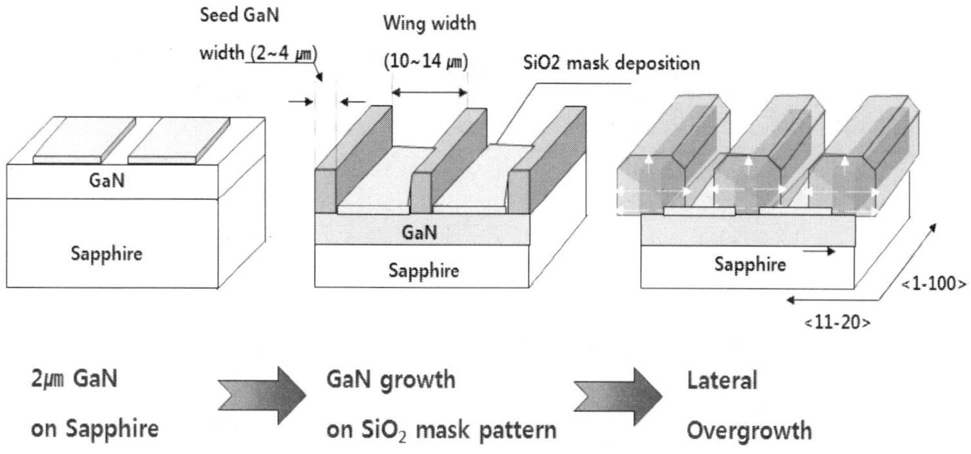

그림 2-4 ELO의 패면 공정 및 성장 단계

이러한 ELO법의 성장 단계는 그림 2-5에서 보여주듯이, 사파이어 기판위에 질화물반도체 박막을 성장 후 SiO_2을 일정 주기로 마스킹하여 SiO_2가 없는 seed 영역에서 초기성장이 시작하고, SiO_2 막 위에서는 측면성장을 진행하므로, seed에서 연속성장된 전위가 측면성장에 의해 굽어지는 현상이 발생한다. 따라서 SiO 박막위에 측면 성장된 질화물 반도체 박막의 결함 밀도를 10^8~10^{10} cm^{-2}에서 10^6 cm^{-2}정도까지 급격히 감소시킬 수 있다.

그림 2-4는 ELO법에 의해 성장된 저결함 질화물계 박막의 단면 TEM사진이다. 이러한 ELO법으로 SiO_2 막 위에서 성장된 질화물 반도체는 결함 밀도가 낮음으로 특히 고전류밀도를 사용하고 있는 레이저 다이오드의 수명 및 레이저 발진 특성을 급격히 향상시킬 수 있었다. 또한, 질화물계 p-n접합 HFET의 경우 역방향 전류의 leakage특성이 향상되었다.

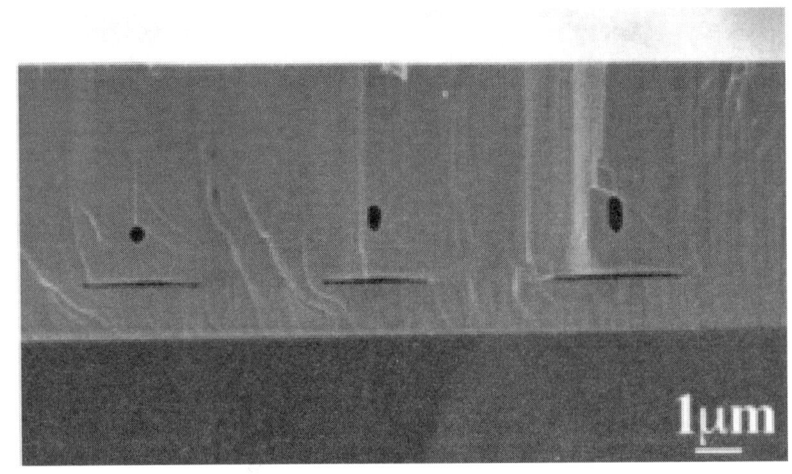

그림 2-5 ELO성장된 질화물 반도체 박막의 단면 TEM사진

4-1-4. Maskless Epitaxial Lateral Overgrowth (ELO)법(Pendeo Epitaxy)

Pendeo epitaxy는 라틴어로 pendeo는 "매달려 있다"의 뜻을 가지고 있다. ELO법과 유사하지만, SiO2를 사용하지 않고 사파이어 기판에 성장된 질화물 박막층을 일정 주기와 일정 방향을 갖게 하여 사파이어 기판까지 부분 건식 식각하여 질화물 반도체 라인층을 형성 후 다시 질화물 반도체 박막을 측면 성장을 시키는 방법이다. 세부적인 제작 공정 및 박막 성장 방법은 그림 2-6과 같다.

이 pendeo epitaxy법도 ELO법과 유사하게 결함 밀도를 108~1010 cm-2에서 106 cm-2 정도까지 급격히 감소시킬 수 있다 [14]. 또한, ELO법에 비하여 식각 공정이 진행된 질화물 반도체 박막의 벽에서 측면 성장이 진행되므로 최종 성장된 저결함 pendeo epitaxy박막의 전체 두께는 SiO2위에 진행된 ELO법에 비하여 얇은 두께를 형성가능하다.

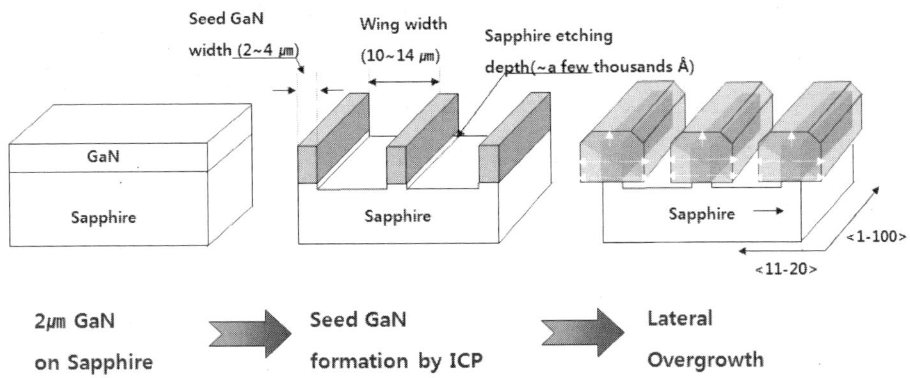

그림 2-6 Maskless ELO의 패턴 공정 및 성장법

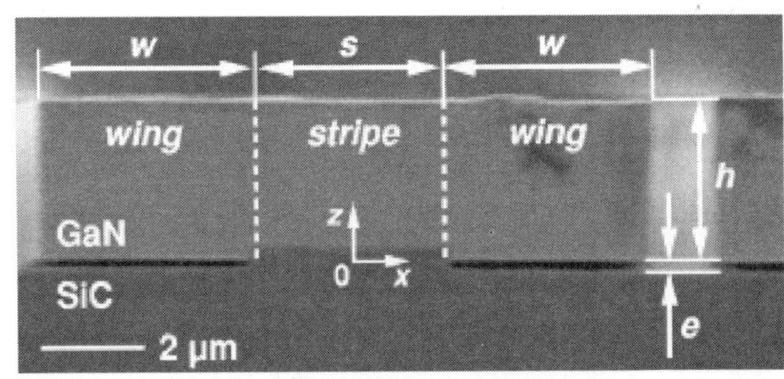

그림 2-7 maskless ELO법에 의해 성장된 질화물 반도체 박막의 단면 TEM사진

그림 2-7은 pendeo epitaxy를 통하여 성장된 저결함 질화물계 박막의 TEM사진으로 측면성장이 이루어지 wing(w) 부분에서는 결함이 없는 영역이 나타나고 식각되지 않고 남아 있었던 측면성장부의 seed(s)영역은 결함 밀도가 높은 것을 보여주고 있다.

4-2. 고품질 InGaN, InGaN/GaN 이종 성장법

4-2-1. InGaN 박막의 낮은 성장 온도

고품질 InGaN 박막 성장은 발광소자를 제작함에 있어서 높은 전기적 특성 및 광학적 특성을 얻기 위해서는 반드시 필요하다. 하지만, 일반적으로 고품질 InGaN 박막의 성장은 GaN에 비하여 상당히 어렵다. 이는 InN의 낮은 분해 온도에 기인하여 InGaN 박막은 GaN에 비하여 약 200 ~ 300도 낮은 온도에서 성장된다. 더

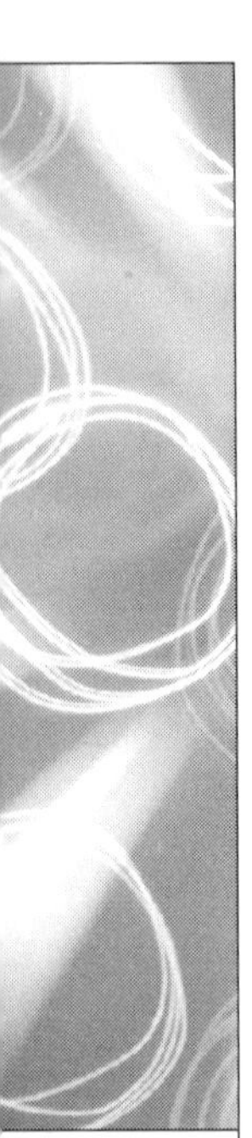

욱이 5족 N의 공급원으로 사용되는 암모니아 가스의 분해률이 900도 이하에서 급격히 감소되므로 InGaN이 성장되는 800도 이하에서는 N의 공급에 문제가 발생하게 된다. 따라서 800도 이하에서 성장되는 InGaN의 경우 성장 조건의 범위가 매우 좁게 되어 In droplet과 같은 결함이 발생할 수 있을 것이다 [15-16]. 그림 2-8은 일반적인 질화물 반도체 LED구조의 GaN, AlGaN, InGaN의 성장 온도를 나타내고 있다.

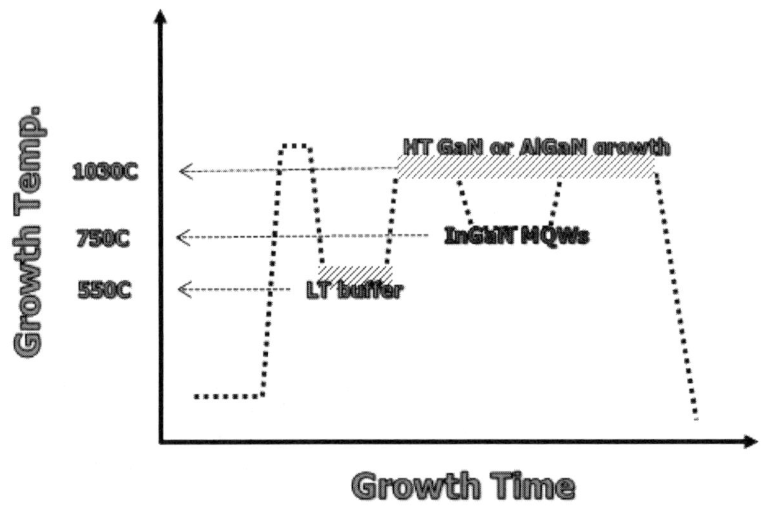

그림 2-8 사파이어 기판위에 질화물 반도체 박막이 MOCVD에서 성장시 온도변화

그림 2-9는 InGaN 박막의 성장온도와 NH3/TMI 비에 대하여 표면 형상에 대한 효과를 나타낸 것이다. 높은 NH3/TMI비를 갖고 성장된 InGaN층은 specular하게 형성되고 우수한 광특성을 나타내고 있다. 하지만, 낮은 NH3/TMI비를 갖고 성장된 InGaN의 경우 In droplet이 표면에 나타나고 결정학적 구조 및 광학적 특성의 급격한 저하가 발생되고 있다. 따라서, 성장온도가 감소함에 따라서 최소의 NH3/TMI비가 In droplet형성을 억제하는 필요하다. 이는 낮은 온도에서 5족 N의 공급원인 암모니아 가스의 분해률의 급격한 저하에 기인한다고 할 수 있을 것이다.

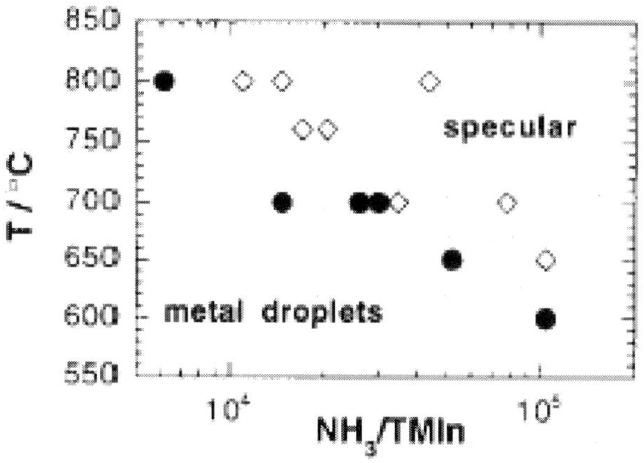

그림 2-9 온도에 따른 In droplet형성범위

4-2-2. InGaN성장 시 In조성의 조절

InGaN성장 시 In의 함량의 주입률은 성장온도 감소에 따라서 급격히 증가한다. 또한, 아래식과 같이 In 주입계수 KIn은 주어진 온도에서 성장 속도의 증가에 따라서 증가하는 것으로 알려져 있다 [15-17].

$$k_{In} = xs_{In} \times \frac{f_{TMGa}}{(1 - xs_{In}) \times f_{TMIn}}$$

이는 In의 주입이 표면에서 In종의 evaporation되는 비율에 관계됨을 알 수 있다. 따라서 성장 속도가 증가하고 더 낮은 온도에서 InGaN 박막을 성장 시 In의 evaporation율은 감소한다. 따라서 InGaN 박막 내에서 In의 주입이 용이 할 수 있음을 나타낸다. 하지만, 760도 이하에서 우수한 결정성 및 광학적 특성을 얻기 위해서는 0.3nm/s이하의 성장속도를 유지해야만 In의 segregation 등이 감소할 수 있음을 그림2 -10에서 보여주고 있다. 이는 저온 성장 시 많은 In 주입에 따라서 적은 N의 공급에 따라 표면에서 충분한 3족 원자의 이동을 통하여 결정성 및 표면 특성이 우수한 박막을 형성하기 위함이다.

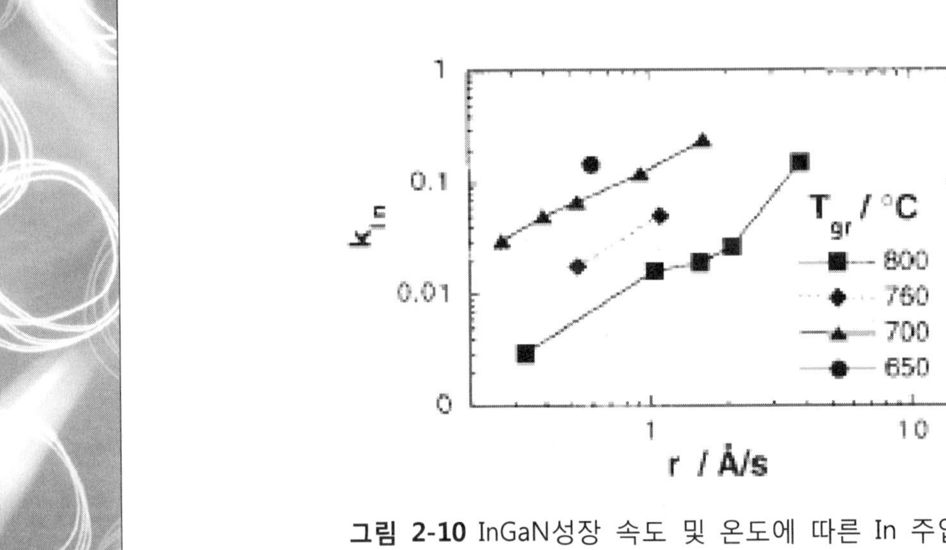

그림 2-10 InGaN성장 속도 및 온도에 따른 In 주입율

4-2-3. InGaN 삼원계 박막의 스피노달 분해

그림 2-11에서 보여주듯이 GaN-InN의 상태도에서 보여주듯이 바이노달(실선)과 스피노달 (점선)의 그래프가 이상 혼합 엔트로피를 사용하여 계산함에 의하여 얻어지고 있다. 이는 InGaN의 성장 온도인 약 800도 부근에서 GaN안에 In의 용해도가 약 6% 미만인 것을 의미한다. 또한, 6% 이상의 In조성의 경우 상태도에 따라서 두 상으로 분리를 나타낸다. 이 낮은 In의 용해도는 에피탁시법으로 박막을 형성하는데 있어서 균일한 InGaN층의 형성이 어려움을 나타내고 있다.

그림 2-12는 InGaN 다중양자 우물 구조에서 In의 상분리에 의해 발생된 dot-like한 구조가 형성된 것을 나타내는 TEM 사진과 각 부분에서의 In조성을 측정한 EDX결과이다. 청색 및 녹색 발광소자를 제작하기 위해 많은 In조성이 필요한데 이렇듯 In의 상분리 현상으로 인한 균일한 막을 형성이 어려기 때문에 이를 성장 장비인 MOCVD 시스템을 이용하여 최적화하는 것이 중요한 기술이라고 할 수 있을 것이다.

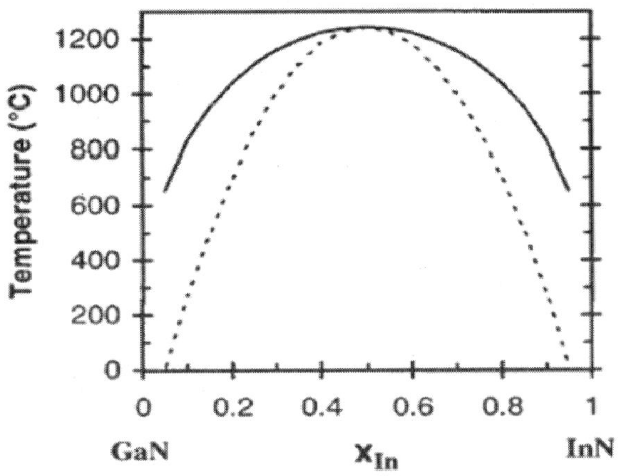

그림 2-11 GaN과 InN의 이성분계 상태도

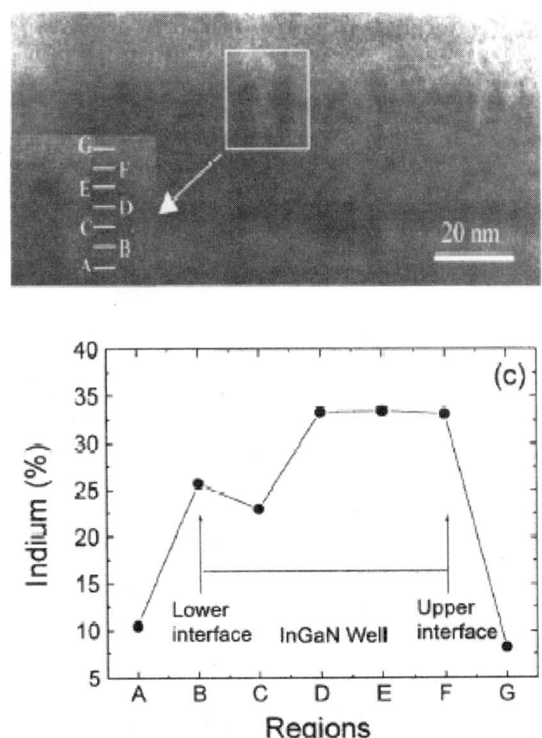

그림 2-12 InGaN 다중양자우물 구조의 단면 TEM사진과 각 부분에서 In의 불균일도를 EDX로 분석함.

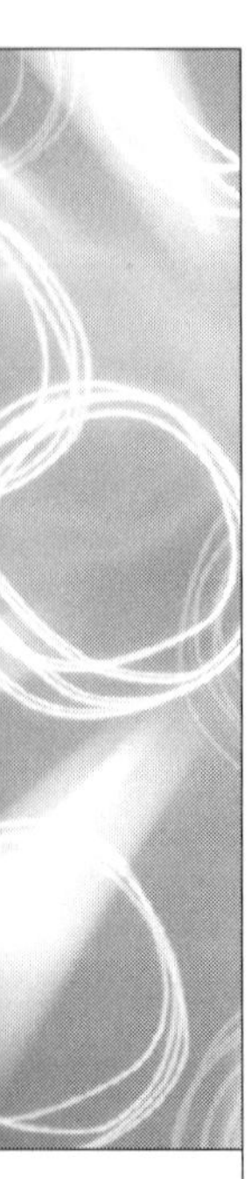

4-2-4. InGaN/GaN 다중양자우물구조

지금까지는 InGaN 삼원계 화합물의 특성 및 성장 조건에 따른 특성을 기술하였다. 일반적으로, 질화물계 발광소자 (LED, LD)등은 강한 빛을 효율적으로 내기 위해서는 InGaN 벌크 구조를 이용하지 않고, 양자 우물 구조라는 나노구조를 이용하여 양자 효과에 의한 InGaN의 발광효율을 극대화시킬 수 있다. 연구개발 초창기에 InGaN 벌크 (활성층으로 사용되는 InGaN의 두께가 수십 nm정도) 구조로 사용되는 DH (double heterostructure) LED구조로 진행되었지만, 더욱 많은 광효율을 얻기 위하여 InGaN/GaN구조의 양자 우물구조(multiple quantum well, MQW)가 도입되었다. 이 구조는 양자 효과를 이용하여 적은 두께의 InGaN (2~4nm) 우물층 임에도 불구하고 광 효율은 상당히 많이 증가할 수 있었다. 따라서 최근 사용되고 있는 상용 LED구조에서는 InGaN/GaN MQW구조가 사용되고 있다. 물론, InGaN 우물층과 GaN의 장벽층의 두께, 성장 조건, 도핑 유무에 따라 그 효율을 최대화될 수 있다. 그림 2-13은 InGaN/GaN 다중양자우물 구조에서 InGaN 우물층의 두께가 증가함에 따른 PL (photoluminescence)를 이용한 광특성 변화를 나타내었다. InGaN 우물층이 양자 효과가 나타나는 얇은 두께의 경우 발광 파장이 높은 에너지 (짧은 파장)에서 나타내고 그 발광 강도도 증가함을 알 수 있다. 하지만, InGaN 우물층의 두께가 증가함에 따라 장파장으로 발광 파장이 이동하고 그 발광세기도 감소하고 있다.

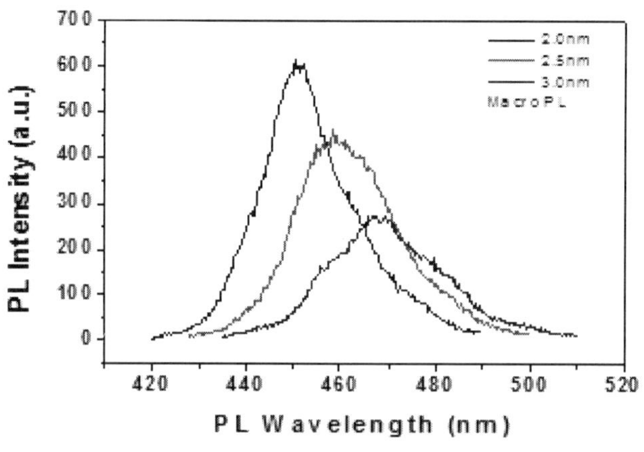

그림 2-13 양자우물구조에서 InGaN우물층의 두께 증가에 따른 PL특성 변화

4-3. P-type 도핑

4-3-1. p-type GaN의 개발 이력

질화물 반도체를 이용한 전자 소자 및 광소자를 제작함에 있었어 가장 중요한 기술 중에 하나가 고품질 p-type 특성을 얻는 것이다. 초기 J. Pankove와 Hutchby [18]는 implantation법을 이용하여 도핑을 시도하였으나 p-type 특성을 얻는데 실패를 거듭하였다. 하지만, 일본의 Akasaki와 Amano 그룹에서 Mg을 implantation을 시킨 후 LEEBI (Low energy e-beam irradiation)법을 이용하여 약 35 ohm-m의 낮은 p-type 특성을 얻는데 성공하였다 [19]. 이후에 Nakamura는 Two-flow MOCVD시스템을 이용하여 Mg-doped GaN을 성장하고 열처리를 통하여 0.2 ohm-cm의 매우 낮은 p-type특성을 갖는 박막을 형성 할 수 있었다. 이에 따라 질화물계 반도체 발광소자에 대한 연구 개발이 본격적으로 진행될 수 있었다.

4-3-2. GaN의 p-type Mg 도펀트의 활성화 기구

이렇게 어렵게 p-type의 질화물 반도체 박막을 얻은 이유는 MOCVD 성장시 질화물 반도체 내에 수소 원자가 들어가게 되고 H-Mg의 복합체가 형성하여 억셉터를 형성하게 된다. 이러한 H-Mg 복합체로 Mg가 존재하기 때문에 실질적인 Mg이 p-type 도펀트로 역할을 하지 못하였기 때문에 고품질 p-type 질화물 반도체를 형성하지 못하였다. 하지만, 앞서 언급하였듯이 성장 이후 열처리 과정을 통하여 H-Mg 결합을 깨서 실질적인 p-type 억셉터로 역할을 할 수 있게 되었다. 또한, Mg-doped된 p-type GaN에서의 Mg 활성화 에너지는 약 170 meV로 매우 높기 때문에 p-type 특성을 나타내기 위해서 열처리와 같은 상당한 에너지가 주입되어야만 고품질의 p-type 특성을 얻을 수 있다. [20]. 저 저항 p-type특성을 갖는 발광소자는 소자의 금속접합에 따른 접촉저항을 낮게 유지할 수 있을 것이고, 전류의 몰림 현상을 해소시킴으로 발광특성의 향상 및 작동 전압의 감소를 통하여 더욱 고수명, 고효율/고출력 특성을 갖는 발광소자의 개발이 가능하였다.

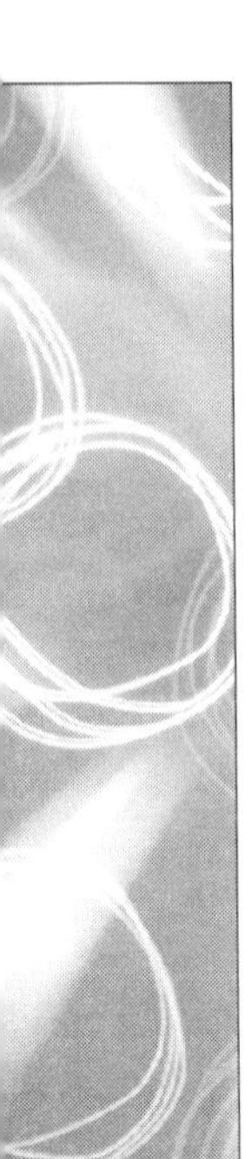

4-4. 일반적인 질화물계 LED 구조

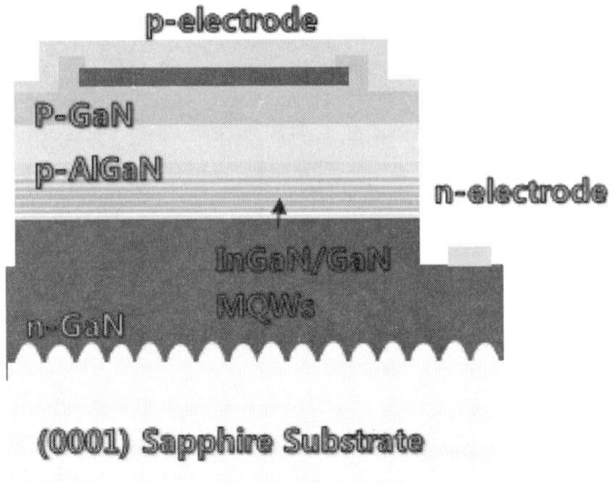

그림 2-14 일반적인 질화물계 p-i-n LED 구조

질화물계를 이용한 최초의 발광다이오드의 구조는 n-전극 접촉층으로 사용되는 n-GaN층, 빛을 나타내는 InGaN bulk 활성층, p-전극 접촉층으로 사용되는 p-GaN층으로 구성된 p-i-n의 간단한 구조를 보였다. 하지만, 여러 특정 응용 분야와 그에 따른 발광 강도의 증가의 요구를 맞추기 위하여 최근에는 기본구조에서 추가 층들이 삽입되어 더욱 복잡한 구조를 나타내고 있는 실정이다. 하지만, 발광다이오드의 p-i-n 형태의 n층 접촉층으로 n-GaN, InGaN 활성층, p-GaN층으로 기본적인 구조를 유지하고 있으며, 발광강도를 높일 수 있는 양자우물구조, 전자차단층, P+층, current spreading층, 발광 도움층, 응력 제어층, 변조도핑층 등의 많은 발광 향상층들이 도입되고 있다.

기본적인 LED 구조와 중요 박막층의 역할을 살펴보면, 우선 첫 번째로 n층과 p층의 carrier의 이동도 및 농도의 차이에 기인하여 활성층을 넘어 전자가 p층 영역으로 넘어가는 누설 현상을 억제하기 위하여 밴드갭이 높은 AlGaN 전자차단층을 삽입하였다. 또한, p-층의 접촉 저항을 높이기 위하여 P+층을 도입하였고, 전자 crowding효과를 최소화하기 위하여 current spreading layer의 도입도 이루어졌다. 이러한 각각의 층들의 본연의 역할 뿐 아니라, strain조절, InGaN 다중양자우물구조에서 InGaN층의 특성을 향상시키기 위한 층의 도입등의 많은 연구가 진행되고 있는 상태이다. 그림 2-14는 가장 간단한 InGaN다중양자우물층, AlGaN 전자 차단층을 갖는 LED 구조를 나타낸 것이다.

5. 박막성장 장치와 분석장치

5-1. 일반적인 질화물계 LED 구조

5-1-1. MOCVD시스템

(1) MOCVD 시스템의 구성

앞서 언급하였듯이 1990년도에는 MOCVD를 포함한 MBE, GSMBE, VPE등의 여러 박막 증착 장비를 사용하여 질화물 반도체가 연구되었다. 하지만, 1990년대 후반에 이르러 MOCVD시스템을 이용한 질화물 반도체 박막의 특성이 가장 우수하게 보고되었고, 이에 본격적으로 MOCVD 시스템을 이용한 질화물 반도체 발광소자 및 전자 소자에 대한 연구 및 개발이 집중적으로 진행되고 있는 상태이다.

Thomasswan MOCVD

Veeco MOCVD

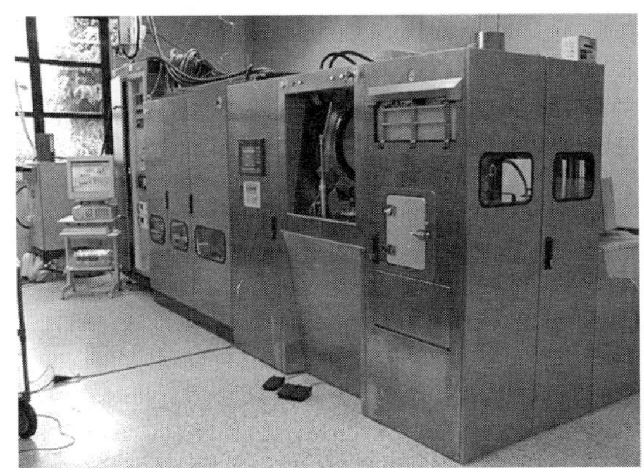

Aixtron MOCVD

그림 2-15 우리나라에서 가장 많이 사용되고 있는 MOCVD의 사진

그림 2-15에서 보여 주듯이 3개의 MOCVD시스템은 최근 우리나라에서 가장 많이 사용되고 있는 상용화 MOCVD 시스템을 나타낸 것이다. 이러한 MOCVD 시스템들은 크게 가스 반응이 발생하는 반응기 부분과 공급 가스원을 전달하는 가스 캐비넷 부분으로 구성될 수 있다. 반응기 부분에 있어서, Thomsswan사와 Veeco사의 MOCVD시스템은 저항 가열방식으로 성장 온도를 제어하는 방식을 채택하였고, Aixtron사의 MOCVD 시스템은 유도가열 방식을 채택하였다. 각 MOCVD 시스템은 반응기 및 가열 방식의 디자인에 따라서 박막의 전기적/광학적 특성의 차이를 보이고 있으나 대략적으로 유사한 박막의 특성을 나타내고 있다. 그리고 반응기 부분에 가스를 전달하는 방법에 따라 showerhead방식과 노즐 방식으로 구분될 수 있다. 하지만, 최근 들어 각 업체에서는 최적의 박막 성장 공정을 진행하기 위하여 서로의 기술을 benchmarking하고 있는 실정으로 반응기의 구조는 대부분 유사한 형태로 진화하고 있다. 또한, 2000년 초반에는 2인 웨이퍼가 1~3장정도의 소형 반응기를 갖고 있었지만, 최근 들어 aixtron사의 MOCVD는 양상성을 확보하기 위해 42장의 대용량 반응기를 개발한 상태이다. 고품질 박막형성을 위해서는 대용량 반응기와 효율적인 가스 공급을 위한 가스라인의 설계가 가장 중요한 부분일 것이다.

(2) MOCVD시스템의 반응가스

MOCVD 시스템에서 사용되는 가스 공급원은 시스템의 이름에서 나타나듯이 III-족 원소는 metalorganic source를 사용한다. Ga의 source는 TMGa, Al은 TMAl, In은 TMIn등이 사용되고 있다. 이는 타켓 금속을 유기 용매을 이용하여 공급하는 원리를 이용하고 있다. 또한, 질화물계 반도체에서 V족 원소로는 암모니아가 사용된다고 기 언급하였다. 특히, AlGaN 박막 성장의 공급원인 TMAl의 경우 불순물인 산소의 농도가 다른 MO 소스에 비하여 상대적으로 높아 AlGaN 박막 성장에 있어서 불순물 장입에 대한 고려되어져야 할 것이다. 각 공급원 가스에 대한 화학식과 장단점을 아래 표에 정리하였다.

표 2-5 MOCVD 시스템에서 사용되는 precursor의 종류와 각각에 대한 장단점

Precursor	Symbol	Advantages	Disadvantages
TMGa	$(CH_3)_3Ga$	liquid, high vapor pressure	
TEGa	$(C_2H_5)_3Ga$	liquid, low carbon contamination, decomposes by β-hydride elimination reaction, used in LP MOVPE systems	low vapor pressure, less stable than TMGa, strong parasitic reactions
TMIn	$(CH_3)_3In$	solid, good vapor pressure for MOVPE, also exists as solution TMIn	low vapor pressure
TEIn	$(C_2H_5)_3In$		very unstable
TMAl	$(CH_3)_3Al$	liquid, good vapor pressure, good long term stability	oxygen contamination
TEAl	$(C_2H_5)_3Al$	liquid, low carbon contamination	low long term stability
Ammonia	NH_3	good stability, only practically available nitrogen precursor	high pyrolysis temperature

(3) MOCVD시스템의 가스 반응과정

일반적으로 MOCVD 시스템의 반응기 안에서는 반응물질의 이동 (mass transport), 반응 물질의 확산 (diffusion), 반응물질의 흡착 (adsorption), 표면 화학반응 (surface chemical reaction), 반응 부산물의 탈착 (desorption), 반응 부산물의 확산 (diffusion) 및 반응 부산물의 이동 (mass transport)의 7단계로 가스 반응이 발생되며 박막이 형성하게 된다. 이와 마찬가지로 질화물계 LED 소자 박막을 형성할 때에도 동일한 가스 반응 과정을 나타나게 된다. 우선 TMGa와 NH3 가스가 MOCVD 반응기로 장입 후 경계층이라는 영역을 지나 확산되어 기판 표면에 흡착과정이 진행된다. 이후 기판의 표면에서 확산 과정을 통하여 안정된 자리에 장착되어 갈륨원자와 암모니아 원자가 반응하여 GaN가 형성된다. 그렇지 못한 가스의 부산물들의 경우 표면에서 탈착되고 경계층 영역을 가로질러 확산되어 배기구로 이동하게 된다. 표면에서의 반응은 아래의 화학 반응식으로 설명 가능할 것이며, 원료 공급원의 가스의 주입부터 7단계의 반응 과정은 그림 2-16과 같이 도식화 될 수 있을 것이다.

$$2Ga + 2NH_3 \rightarrow 2GaN + 3H_2$$

$$2Ga + 2Al + 2NH_3 \rightarrow 2AlGaN + 3H_2$$

$$2Ga + 2In + 2NH_3 \rightarrow 2InGaN + 3H_2$$

이와 마찬가지 방법으로 AlGaN 및 InGaN성장에 있어서는 TMGa과 TMAl 및 TMG과 TMIn이 3족 원소로 장입될 것이며, 5족 원소로는 암모니아가 동일하게 주입되고 상기와 같은 반응을 걸쳐 삼원계 박막이 형성된다.

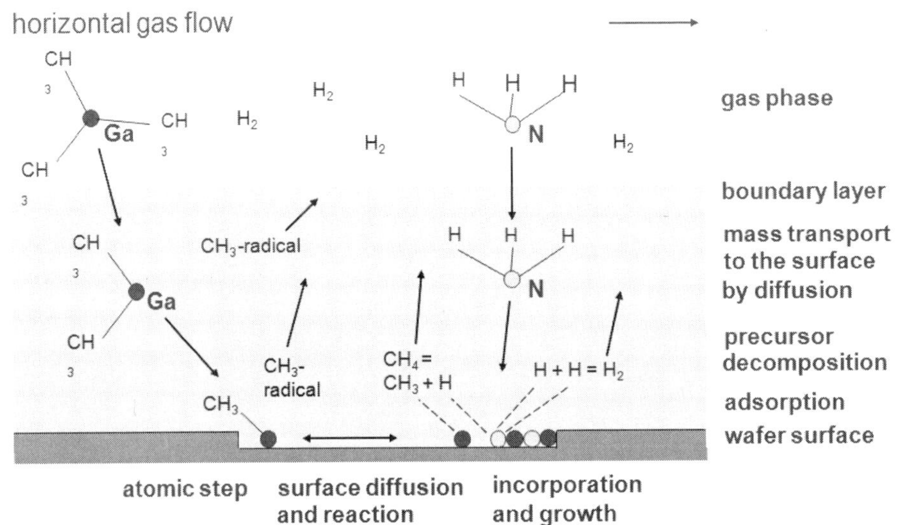

그림 2-16. MOCVD 시스템내에서 질화물 반도체 박막의 성장시 가스 이동 및 반응 개략도

5-1-2. 질화물 반도체 박막의 분석법

일반적으로 질화물계 LED 소자 박막을 분석하는 기술은 크게 결정성 분석, 표면 분석, 구조 분석, 광학적 분석, 전기적 분석 등이 존재한다. 세부적인 분석방법에 대한 설명은 아래와 같다.

(1) 결정성 분석법

질화물계 반도체 박막은 이종 기판인 사파이어 기판을 이용하여 성장되기 때문에 앞서 언급하였듯이 많은 결함이 발생하게 된다. 따라서 결함 밀도, 결함의 종류 등을 비파괴 방법으로 확인하기 위해서 고분해능 X-ray회절법 (High resolution X-ray diffraction)을 이용하게 된다. 일반적으로 질화물계 반도체 박막을 HR-XRD 시스템에 장착 후 ω-rocking 을 실시할 때 얻어지는 x-ray 스펙트럼의 반치폭

(β)을 이용하여 질화물 반도체 박막 내부에 존재하는 나선 전위와 칼날 전위의 밀도를 아래와 같은 식으로 계산할 수 있다. 이때, (002) 방향으로 ω-rocking을 실시하였을 경우 나선전위의 밀도를, (102) 방향으로 ω-rocking을 실시하였을 경우 칼날 전위의 밀도를 구할 수 있다 [21].

$$D_{screw} = \frac{\beta^2_{(002)}}{9b_{screw}}, D_{edge} = \frac{\beta^2_{(101)}}{9b_{edge}}$$

(2) 표면 분석법

질화물 반도체 박막은 기존의 Si 이나 GaAs 반도체 박막에 비하여 거친 표면 형상을 나타낸다. 또한, InGaN, AlGaN, GaN의 성장 온도 및 성장 조건에 따른 표면 특성이 매우 민감하게 나타난다. 이는 향후 소자 제작 공정에 있어서 성장된 박막의 표면 특성이 많은 영향을 주기 때문에 표면 분석 또한 매우 중요한 의미를 가진다. 이러한 질화물 반도체 박막의 표면 분석은 대부분 간섭 현미경을 통하여 넓은 영역을 관찰하고, SEM을 통하여 미세한 부분의 표면 특성을 확인하다. 또한, 그림 2-17에서 보여주듯이 마이크로 및 나노영역의 관찰을 위해서 원자힘현미경 (Atomic force microscope, AFM)을 이용하여 원자단위 표면분석이 가능하다.

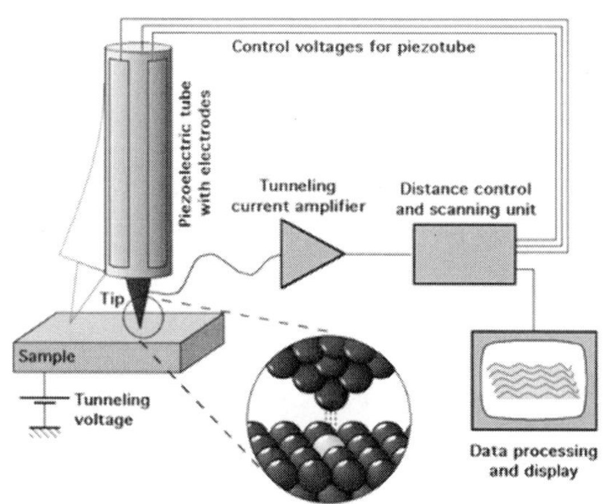

그림 2-17 AFM의 개략도

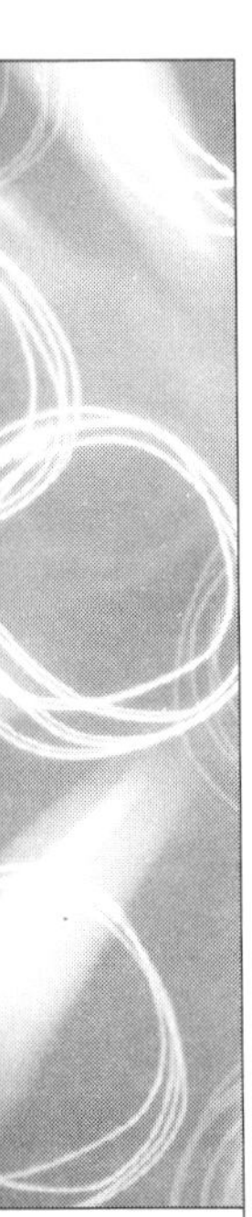

(3) 구조 분석법

최근 LED의 효율 증대를 위하여 기존의 p-i-n의 간단한 LED 구조에서 복잡한 LED구조로 변화하고 있다. 이러한 층들이 나노 크기로 증착되어 있기 때문에 이들이 미리 설계된 데로 박막 증착이 되었는지 확인하는 구조 분석이 중요하다. 일반적으로 비파괴 분석으로 X-ray 방법 중 $\omega/2\theta$ 법을 이용하여 스펙트럼을 얻고 GaN, InGaN, AlGaN의 peak위치와 비교하여 각 박막층의 조성을 계산할 수 있을 것이다. 또한, 스펙트럼에서 얻어지는 satellite peak의 위치를 이용하여 초격자 및 다중양자 우물 구조의 두께를 얻을 수 있다. 두 번째 방법으로는 파괴 방법인 TEM (Tunnelling electron microscope)을 이용하여 원자단위의 박막의 구조 및 계면 특성의 분석이 가능하나 질화물 반도체 박막을 TEM이 측정 가능하도록 시편을 제작하는 것이 매우 어려운 부분 중 하나이다. 하지만, 미세 나노 크기의 박막 및 결함 분석을 하는데 있어서 가장 훌륭한 방법이라고 할 수 있을 것이다.

(4) 광학적 분석법

질화물계 발광 소자에서 가장 중요한 것은 얼마나 많은 광이 방출되는냐가 가장 중요한 인자 중에 하나인다. 따라서, 빛을 나타내는 활성층을 성장 이후 소자 제작 이전에 광특성을 평가하는 것이 중요하다.

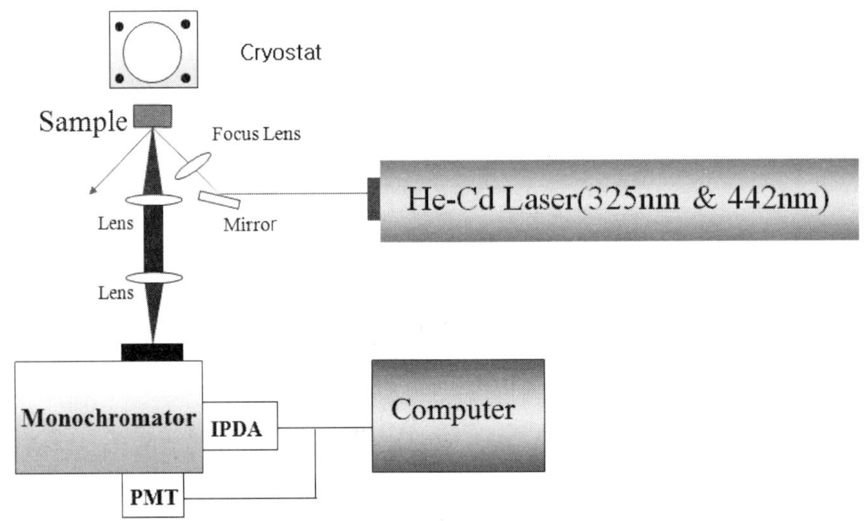

그림 2-18 PL시스템의 개략도

이러한 질화물 반도체 및 기타 발광소자의 광특성을 평가하는 데는 Photoluminescence (PL), Electroluminescence (EL), Cathodeluminescence (CL) 등이 존재한다. EL은 여기원이 electrical방법으로 전자와 전공을 주입하는 방법이고, CL은 전사빔으로 여기하는 방법이다. 그림 2-18은 PL 시스템을 나타낸 것으로 발광을 시키기 위한 여기원으로 활성층 반도체 박막의 밴드갭 에너지 보다 큰 레이저 광원 (He-Cd, 325nm)을 이용하여 박막을 여기 시킨 후 전자와 전공의 재결합을 통해 발생되는 빛을 분석하는 것이다. 이러한 방법들은 완전한 소자 제작 이전에 박막의 광학적 특성을 분석하는데 매우 유용하게 사용되고 있다.

(5) 전기적 분석법

모든 발광소자는 전기를 주입함으로 작동하므로 질화물계 발광 소자에서 전기적 특성은 매우 중요하다. 이에 따라 n층, p-층의 전기적 특성인 전자 및 전공의 농도, 이동도, 저항등이 중요한 인자로서 Hall측정법으로 각 층을 분석가능하다. 이는 도핑된 각 질화물 반도체 박막이 전자와 전공을 공급할 수 있게 하므로 박막자체의 기본적인 전기적 물성을 확인하는 것이 이후 소자 제작시 발생되는 전기적 문제를 예상할 수 있을 것이다. 또한, LED 소자의 I-V를 측정함에 따라서 소자의 forward voltage, leakage current 등을 분석할 수 있을 것이다. 최근 들어 응용분야에 지속적인 확대 속에 소자의 정전기 특성을 포함 전기적 신뢰성 향상에 대한 연구도 주목을 받고 있다.

6. 질화물계 LED 최신 에피 성장 기술

6-1. 고전류 인가 시 효율저하현상 억제 기술

최근 질화물계 LED 소자는 고출력 및 고효율 특성에 대한 요구가 증대하고 있다. 하지만, 고출력 특성을 얻기 위하여 질화물계 LED 소자에 주입전류가 증가함에 따라서 발광 강도가 현저하게 감소하는 현상을 보이고 있다. 이를 “효율저하현상 (efficiency drooping)" 이라고 한다. 이런 현상에 있어서 선진 일류 업체일수록 그림 2-19에서 보여주듯이 미분 발광강도가 최대점에서 떨어지는 Drooping 특성이 적게 나타나고 있다.

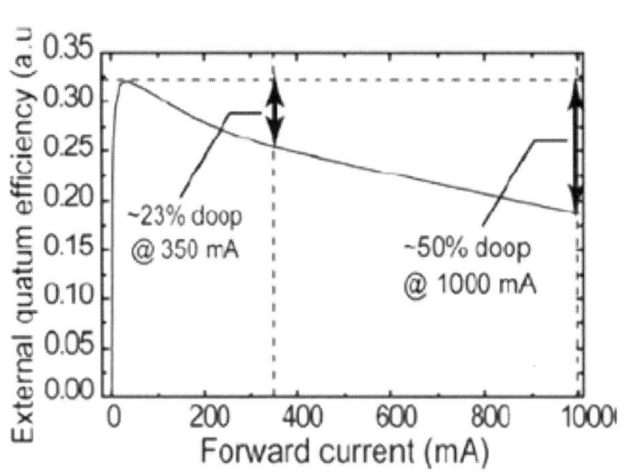

그림 2-19 LED 소자에서 주입전류가 감소에 함에 따라 효율저하를 나타냄

이 Droop현상의 감소는 고전류 주입시 지속적으로 발광강도가 증가함을 나타내므로 고출력 LED 구현이 가능하다는 의미이다. 따라서, 최근 높은 주입 전류에서 발광효율이 감소하는 droop현상을 최소화시키는 연구가 활발히 진행되고 있다.

이러한 효율 저하 특성을 보이는 이유는 그림 2-20에서 보여주듯이 주입된 전류와 정공이 다중양자우물구조의 활성층에서만 재결합되어야 하는데 그렇지 못하고 다른곳에서 비발광 현상으로 사라지고 있음을 의미한다. 특히, InGaN 활성층 자체의 내부 결함에 의한 비발광 현상 증가, 우물층과 장벽층사이에서의 계면 결함에 의한 캐리어의 leakage 현상 및 낮은 정공의 수와 이동도에 의한 p-type쪽으로 전자의 overflow 현상이 발생하므로 활성층에서 발광현상으로 나타나야 하는 캐리어가 비발광 결합으로 손실되고 있을 것으로 추측된다. 따라서 선진 연구그룹에서 이에 대한 원인을 제안하고 그 대안을 아래와 같이 제시하고 있다 [22].

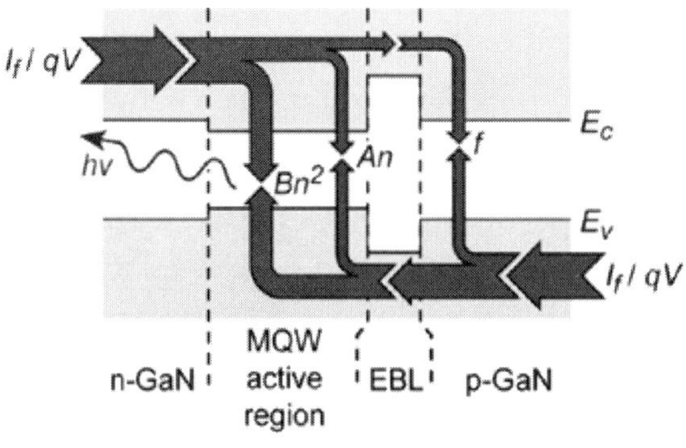

그림 2-20 질화물계 LED 소자에서 캐리어의 이동 및 결합에 대한 도식도 [22]

6-1-1. Auger recombination의한 효율 감소

일반적으로 오제 효과는 원자나 이온에서 방출되는 전자로 인해 또 다른 전자가 방출되는 물리적 현상을 말하며 이때 발생하는 두 번째 방출전자를 오제 전자(Auger electron)라고 부른다. 즉, 원자의 안쪽 준위에서 전자 하나가 빈자리를 남기고 제거되면 높은 준위의 전자 하나가 빈자리를 채우게 되면서 높은 준위와 빈자리의 준위 차이만큼의 에너지를 발생하는데 이 에너지는 광자의 형태로 방출되거나 두 번째 전자를 추가로 방출하는 데 사용된다. 이 때 두 번째 방출되는 전자를 오제 전자라고 부르는 것이다.

이러한 오제 전자가 질화물 반도체에서는 무시될 수 있을 정도로 적다고 2000년대 초반까지는 여겨졌으나 최근 들어 질화물 반도체 LED 소자에서 이들 전자의 재결합에 의한 비발광 재결합이 발생률이 무시할 정도로 적지 않다고 보고되었다.

그림 2-21 다중양자우물구조와 DH구조의 밴드 다이어그램

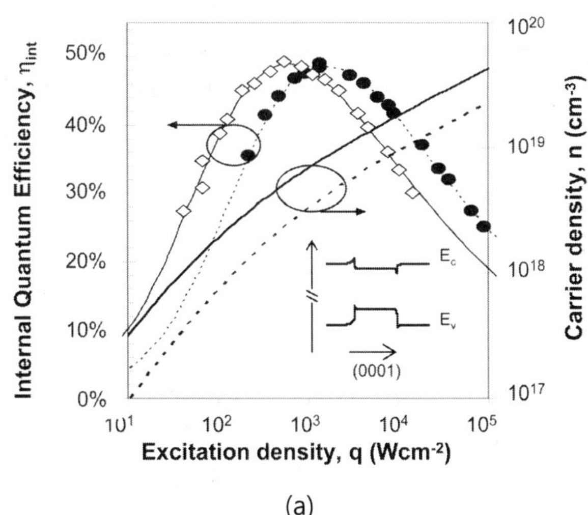

(a)

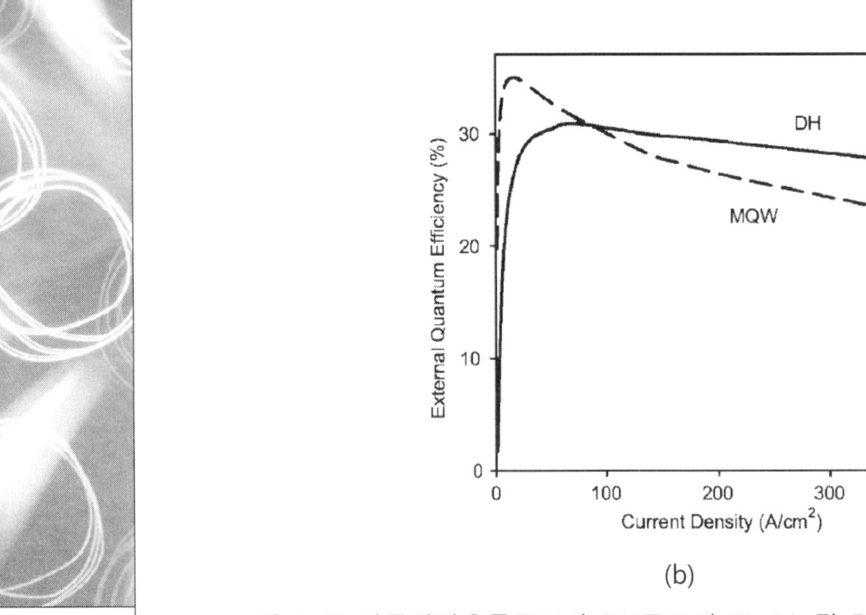

(b)

그림 2-22 다중양자우물구조와 DH구조의 PL (a) 및 EL 광특성 (b) 비교 [23]

그림 2-21에서 보여주듯이 Lumiled사는 이러한 오제 비발광 현상을 억제하여 효율을 증대시키기 위해 InGaN 우물층이 두꺼운 Double heterostructure (DH)의 LED 소자를 제안하였다 [23]. 이를 통하여 그림 2-22에서 보여주듯이 PL 및 EL의 광효율 저하의 감소 현상을 확인하였다.

6-1-2. 결정 결함에 의한 효율 감소

일반적으로 질화물 반도체 발광소자인 LED는 사파이어기판을 사용하여 박막성장이 이루어진다. 앞서 언급하였듯이 격자상수 및 열팽창계수의 차이에 기인하여 많은 전위와 결함이 LED 소자의 박막 내에서 생성된다. 또한, 질화물계 소자에서 많은 연구가 되고 있지는 않지만 VGa, VN 등의 점결함에 존재하는 것으로 알려져 있다. 이렇게 생성된 전위 및 결함들이 고전류 인가시 전자 및 전공이 이동에 있어서 그림 2-23에서 보여주듯이 많은 결함들은 전자가 이동시 결함위치로 tunneling 현상이 발생함에 따라서 비발광 재결합이 증가되게 되고 발광효율이 감소한다고 알려져 있다 [22-24]. 이 전위 및 결정 결함을 최소화하여야 발광효율의 저하를 억제 시킬 수 있을 것이다. 이에 저결함 GaN 기판 및 결함 감소법 (ELO)등을 사용한 template를 사용한 고출력 LED 성장법이 개발되고 있다.

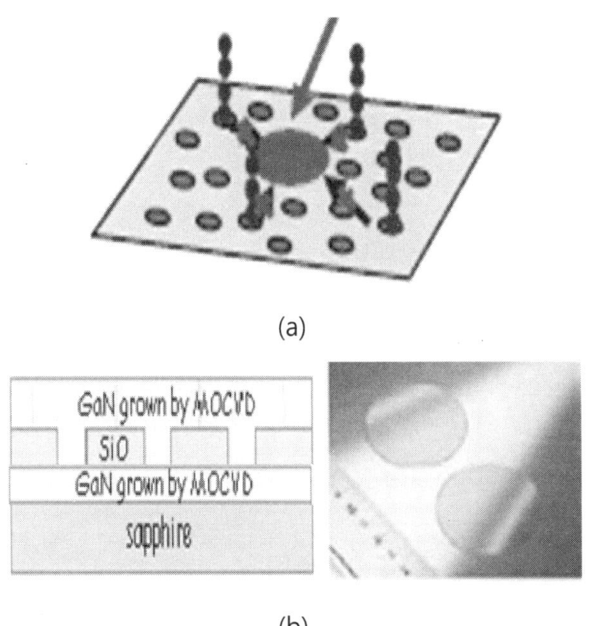

그림 2-23 (a)결함주위에서 캐리어의 tunneling현상에 대한 모식도 및 (b)저결함 ELO 및 GaN기판

6-1-3. 우물층과 장벽층 사이에 내부field에 의한 효율 저하

질화물계 LED 소자에서 빛을 나타내는 활성층영역은 InGaN과 GaN의 다중양자우물구조를 사용한다. 일반적인 LED구조의 활성층영역에서 GaN과 InGaN층의 격자 strain에 기인하여 압전효과에 의한 내부 field가 형성되고 있는 것을 그림 2-24에서 보여주고 있다. 이 내부 field는 우물층과 장벽층의 밴드구조를 전자가 p층 방향으로 쉽게 넘어갈 수 있게 변화시켜 캐리어의 p-층 방향으로의 심각한 오버플로우 현상을 나타내게 된다. 따라서 고전류 인가 시 더욱 심한 밴드구조의 변화에 따른 오버플로우 현상이 발생하게 되어 활성층에서만 재결함 되어야 하는 캐리어의 손실을 가져오게 된다. 따라서 양자효과의 극대화를 위해 우물층과 장벽층의 에너지 밴드갭 차이를 유지하며 동시에 strain을 감소하기 위해 활성층과 격자상수를 동일하게 할 수 있게 하기 위하여 GaN 또는 InGaN 장벽층을 대신하여 AlInGaN 사성분계 장벽층의 도입이 제안되었다. 또한, p-층으로의 오버플로우를 최소화시키기 위한 활성층 보다 더욱 높은 밴드갭을 갖는 AlGaN 전자차단층을 대신하여 동일밴드갭을 가지면서 응력발생을 억제시킬 수 있는 AlInGaN 사성분계 전자 차단층에 대한 연구도 진행되고 있다. 또한, 최근 들어 AlGaN/GaN 다중

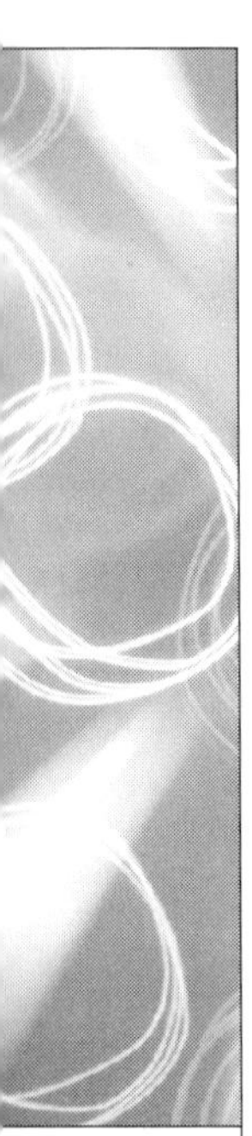

양자장벽층등의 전자차단층이 제안되어 양자효과에 의한 실질적인 장벽층의 증대 및 초격자구조를 이용한 응력 감소 현상을 이용한 전자의 overflow을 최소화하여 발광 소자에 있어서 효율 감소 현상의 억제를 보고 하였다.

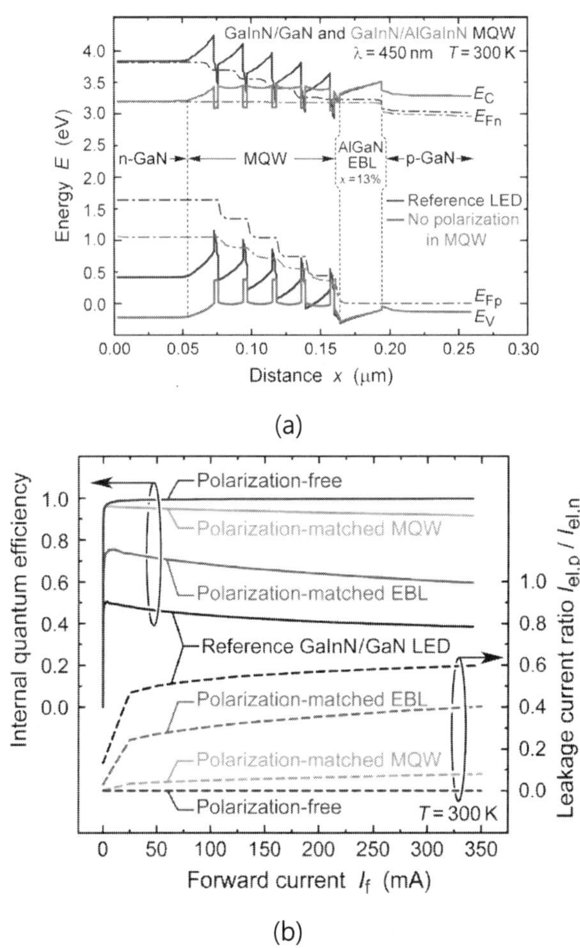

그림 2-24 AlInGaN 사성분계 장벽층의 사용에 따른 밴드구조의 변화(a) 및 주입전류에 따른 내부양자 효율의 변화(b) [24].

6-2. 비극성 GaN LED 성장 기술

6-2-1. 비극성 a-plane, m-plane GaN LED의 중요성

최근 질화물계 LED의 소자 개발의 가장 중요한 이슈는 효율증대에 따른 고출력화이다. 몇 가지 중요한 요소들에 의해 효율 감소현상이 발생하고 있고 이에 따른 여러 가지 대안들이 제시되었지만 근본적으로 해결되지 못하고 있는 실정이다. 또한, InGaN 활성층에서 In량의 증가에 따라서 장파장이 소자를 구현하고 있는데, In증가에 따라서 InGaN 우물층과 GaN 상벽층 사이의 격자 상수에 차이에 기인한 내부 polarization field 때문에 전자와 전공의 웨이브 함수의 오버랩이 적게 되어 이론적 발광 효율이 감소되어 장파장 발광소자에 어려움을 겪고 있다. 이를 해결하기 위해 근본적으로 polarization이 발생하지 않는 방향의 비극성 또는 반극성 질화물 반도체 박막의 성장 및 소자 제작에 대한 연구가 2000년 중반부터 각광을 받고 있다 [25]. 그림 2-25은 활성층 내 In량의 증가에 따른 효율 감소현상과 극성/비극성 질화물 반도체의 InGaN/GaN 다중양자 우물 구조에서의 전자와 전공의 농도의 분포를 나타낸 것이다.

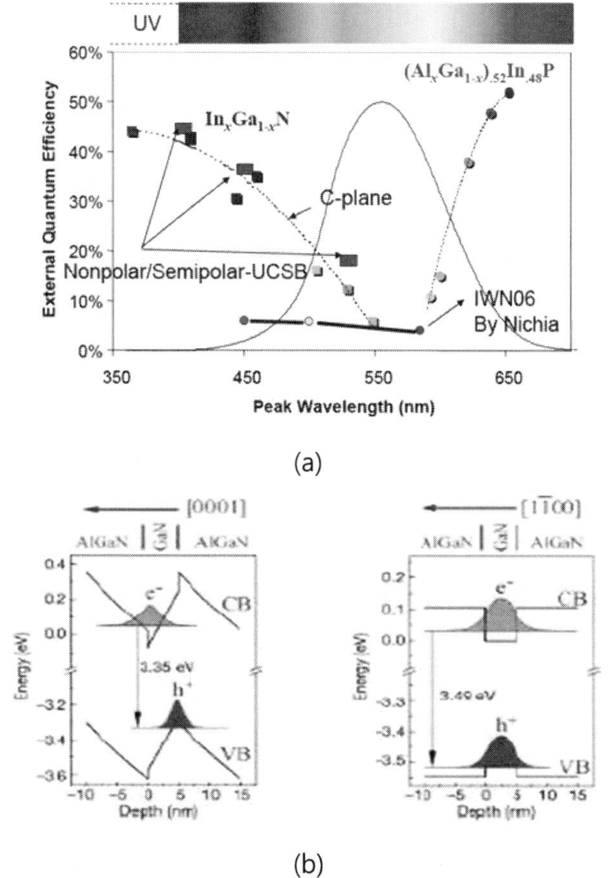

그림 2-25 파장에 따른 광효율 저하 및 극성/비극성 활성층내에서의 밴드구조(a) 및 전자/전공의 웨이브함수의 교차(b)에 대한 도식도

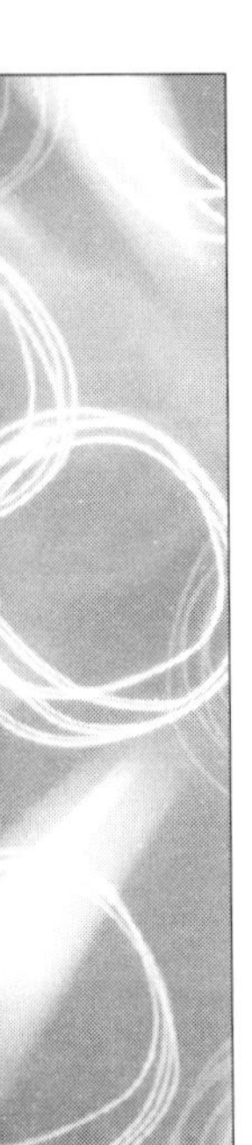

6-2-2. 비극성/반극성 질화물계 반도체 소자의 연구 동향

이론적으로 비극성 질화물반도체 발광소자는 내부 field의 존재가 없으므로 높은 효율을 나타내어야 함에도 불구하고 그림 2-26에서 보여 주듯이 2005년까지는 기존의 c-plane과 동등(30 ~40mW) 하거나 더 높은 결과가 발표되지 않았다. 하지만, 2006년에 이르러 급속한 효율증대가 이루어졌는데 이는 GaN 기판업체에서 저결함 비극성 또는 반극성 기판에 개발을 통하여 공급이 시작되었기 때문이다.

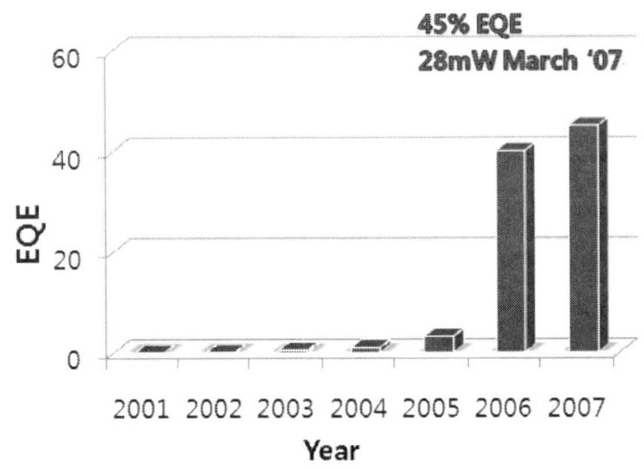

그림 2-26 비극성 LED소자의 년도별 효율 증대 추이

하지만, 비극성과 반극성 질화물 기판의 공급 및 대량생산에 있어서 아직까지 문제가 존재하기 때문에 선진 소수의 연구 그룹만이 이에 관련된 연구 결과를 발표하고 있다. 표 2-6은 각 발광 파장 및 결정면에 따른 a-면, m-면, 반극성 소자에 대한 연구개발 현황을 나타내었다. InGaN 활성층의 박막의 특성에 기인하여 자외선 영역인 400nm부터 500nm로 장파장화 및 고효율 증대를 위한 a-, m-, 반극성등 결정 방향의 다양화로 요약 될 수 있을 것이다. 하지만, 일반적으로 비극성 질화물계의 반도체 박막의 높은 결정 결함 및 표면 결함에 발생에 기인하여 반극성 질화물 반도체 박막에 대한 연구 개발도 급격히 증가하고 있다. 반극성 질화물 반도체 박막은 내부 polarization filed는 약간 존재하지만, 비극성 박막 및 소자에 비하여 성장 조건의 영역이 넓고 In의 주입 등이 용이하기 때문에 최근에 각광을 받고 있는 영역 중에 하나이다. 이러한 비극성, 반극성 질화물 반도체 박막의 성장이 기술이 개발된다면 기존의 c-면 LED 소자에 비하여 더 높은 효율성을 확보할 수 있을 것이며, 또한 고출력 소자의 구현이 가능하므로 새로운 LED응용 분야로 더욱 확대 가능할 것이다.

표 2-6 파장별 비극성(a-면, m-면) 및 반극성 질화물 광소자의 연구그룹 (KPU: 한국산업기술대학교)

		A-plane			M-plane			Semi-polar		
		GaN/sub	ELOG	F/S	GaN/sub	ELOG	F/S	GaN/sub	ELOG	F/S
LED	405	USC ($r-Al_2O_3$)	UCSB KPU				UCSB		Nichia KPU	
	450	USC ($r-Al_2O_3$)				UCSB	UCSB Rohm	Nichia ($MgAl_2O_4$)	KPU	Nichia UCSB
	>450				Lumiled (m-SiC)					Nichia UCSB
LD	405		UCSB				Rohm			
	>450						Rohm			

6-2-3. 극성/반극성 질화물계 결정면에 따른 polarization field

현재 사용되고 있는 질화물계 LED소자의 경우 c-면을 사용한 wurzite 구조로서 c-방향으로 polarization field가 형성되고 있다. 이에 따라서 2.1절에서 언급한 전자와 전공의 웨이브 함수의 오버랩이 차이가 발생되고 있으므로 c-방향으로의 내부 field를 최소화시키기 위해서 m-면과 a-면인 비극성 질화물계가 사용되고 있다.

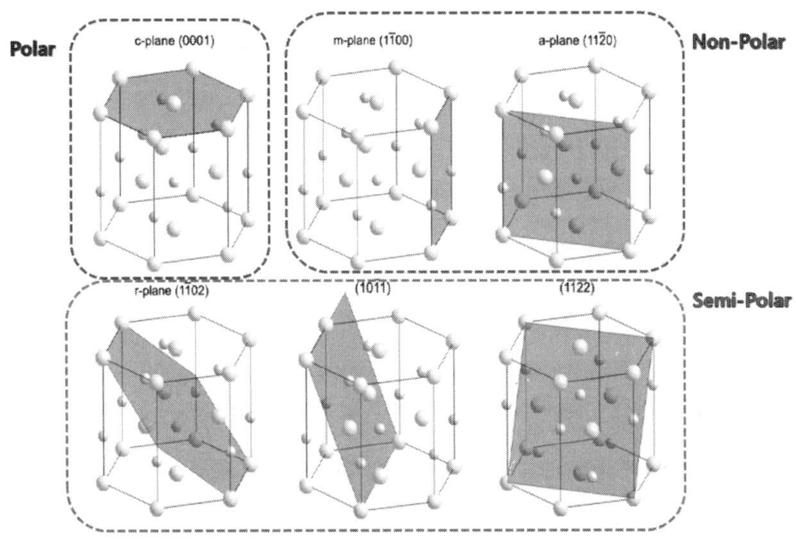

그림 2-27 질화물계 결정 방향에 따른 극성/비극성/반극성 결정면과 방향

그림 2-27에서 보여주듯이 m-면과 a-면은 c-면에 대하여 90도 수직인 방향인 면으로 구성되어 있다. 따라서 각 비극성 a-, m-면의 질화물 반도체는 각 면의 성

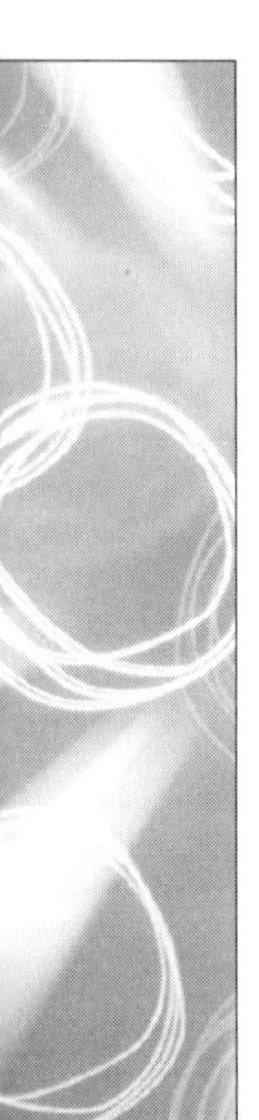

장방향으로의 c-면과 같이 이방성을 보이지 않기 때문에 a-면과 m-면에 대한 성장법의 어려움과 결정학적 방향에 따른 In의 주입율에 제한이 존재하기 때문에 원하는 고효율 특성 및 파장을 얻는데 많은 어려움이 있다. 이런 문제점을 해결하기 위하여 내부 polarization field가 존재함에도 불구하고 기존의 c-면 보다 적은 반극성 질화물계 반도체 박막에 대한 연구가 시작되기 시작하였다. 이 반극성 질화물계 박막은 a-면과 c-면에 비하여 polarization field는 크게 존재하지만 성장 조건 및 결정성은 우수한 특성이 존재하기 때문에 각광을 받고 있다.

그림 2-28은 질화물계 반도체 박막의 방향에 따른 내부 polarization field를 계산한 그래프이다. 기존의 c-면에서 방향이 기울어짐에 따라서 약 50도와 90도 부근에서 polarization field가 존재하지 않는 m-면 또는 a-면 의 비극성 면이 확인되었다. 또한, (11-22)면인 반극성 질화물 반도체는 내부 polarization field가 거의 0에 가깝게 나타나고 있다.

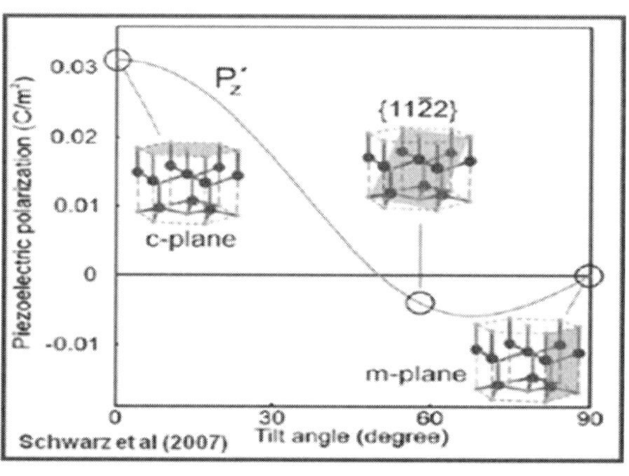

그림 2-28 각 면에 따른 내부 polarization field

6-2-4. 비극성 a-면 질화물 반도체박막의 성장기술

일반적으로 r-면 사파이어를 사용하여 a-면 비극성 질화물 반도체 박막을 성장시킬 수 있다. 그림 2-29는 r-면 사파이어 기판위에 a-면 비극성 GaN이 성장될 경우 결정학적 방위를 나타낸 도식도이다. 그림 2-29에서 알 수 있듯이 기존의 c-면 사파이어 기판위에 c-면 질화물 반도체 박막이 설장될 경우와는 다르게 결정학적 이방성을 가지게 된다. 특히 [1-100] 방향으로 약 16%의 격자 상수 차이를 나타내는 반면 [0001]방향으로는 약 1%의 적은 격자 상수차이를 나타내고 있다.

또한, 열팽창계수도 이방성을 나타내고 있는데, [1-100] 방향으로 약 25%의 차이를 나타내는 반면 [0001]방향으로는 약 0.1%의 적은 격자 상수차이를 나타내고 있다. 이는 박막성장에 있이서 결힘빌생의 이방싱을 예측할 수 있을 섯이다.

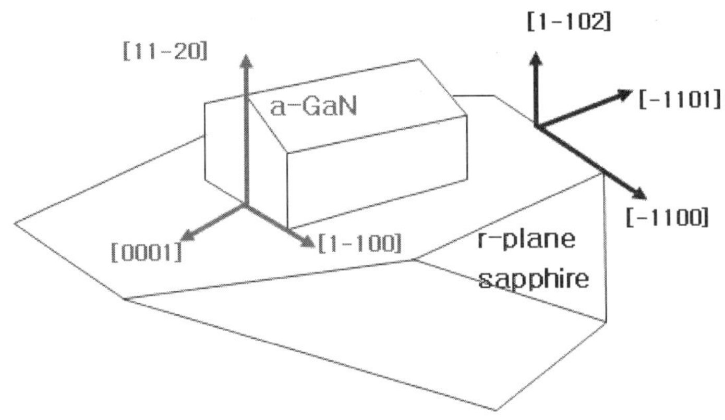

그림 2-29 r-면 사파이어기판과 a-면 GaN의 결정학적 방향

비극성 a-면 질화물 반도체 박막내은 이종기판과의 큰 격자 상수 및 열팽창 계수의 이방성과 c+면과 c-면의 성장 속도의 차이에 기인하여 기존의 c-면 소자에 비하여 높은 결정 결함 및 표면에 V-defect이 형성되고 있다. 그림 2-30은 r-면 사파이어 기판위에 성장된 a-면 비극성 박막의 표면결함에 대한 SEM 사진이다.

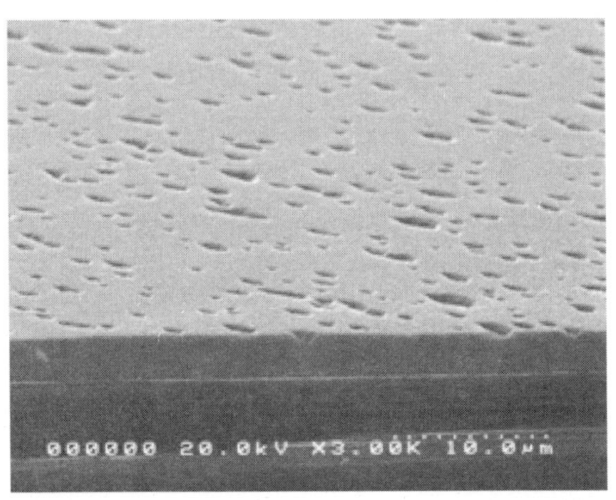

그림 2-30 비극성 a-GaN의 표면 결함 형상

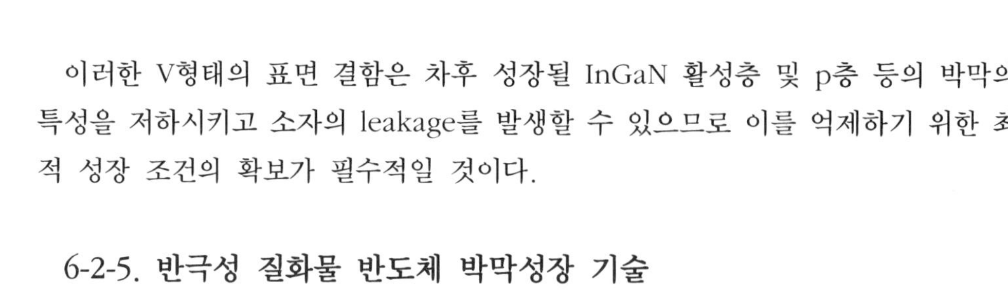

이러한 V형태의 표면 결함은 차후 성장될 InGaN 활성층 및 p층 등의 박막의 특성을 저하시키고 소자의 leakage를 발생할 수 있으므로 이를 억제하기 위한 최적 성장 조건의 확보가 필수적일 것이다.

6-2-5. 반극성 질화물 반도체 박막성장 기술

일부 초기 조건에 변화에 의해서 m-면 사파이어 기판위에서 m-면 비극성 질화물 반도체 박막이 성장된다고 알려져 있으나, 일반적으로 반극성 질화물 반도체 박막은 m-면 사파이어 기판위에서 성장되고 있다. 그림 2-31은 m-면 사파이어 기판위에서 반극성 GaN의 박막이 성장될 때 결정학적 방향을 표시하였다. 앞서 언급한 a-면에 비하여 좀 더 복잡한 결정학적 이방성을 나타내고 있으므로 우수한 표면 및 결정학적 특성을 확보하기 위해서는 높은 최적화 기술이 요구되고 있다.

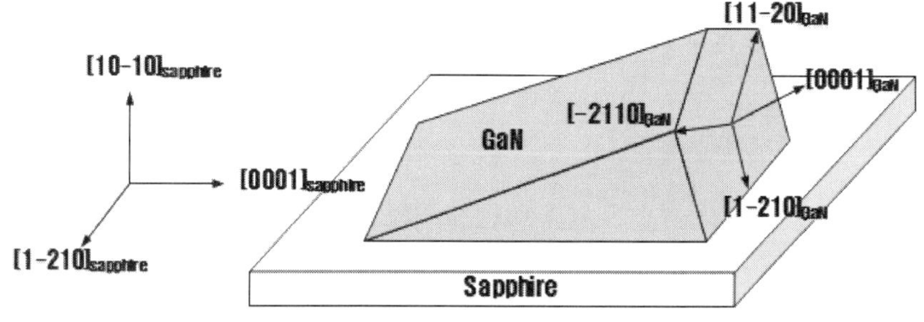

그림 2-31 m-면 사파이어기판과 반극성 (11-22) GaN의 결정학적 방향

7. 결 언

질화물계 반도체 박막은 여러 가지 우수한 물리적, 화학적, 전기적, 광학적 특성을 가지고 있다. 이를 이용하여 여러 분야에서 고효율의 LED 소자가 구현되고 있으나, 대형화, 고효율화 및 고출력화를 위해 박막 성장 장치 및 성장 기술의 개발이 지속적으로 이루어지고 있다. 이러한 성장 시스템/성장기술의 발전과 응용 분야의 지속적인 확대 속에서 효율증대의 needs를 맞추기 위하여 효율 저하의 원인을 규명하고 새로운 방향성을 갖는 고효율의 질화물계 발광 소자가 개발 된다면, 기존의 조명 시장의 대체 및 새로운 응용 분야로의 확대가 지속적으로 가능 할 것이다.

제 2 절. LED 패키지 및 모듈 방열기술

LED의 기술발전에 따라 기존에 정보표시소자로 주로 사용되던 LED는 그 응용 분야를 크게 확대하면서 거대 신 시장을 창출할 꿈의 광원으로서 각광을 받고 있다. 지난 10여 년간 LED 칩은 매우 빠른 기술 발전 속도로 광효율 증가와 함께 칩의 면적이 증가하고 있으며 구동 전류 또한 증가하면서 일반 조명을 대치하려는 수준까지 도달하고 있다. 이에 따라 칩에서 발생하는 열을 효과적으로 방출하기 위한 패키지 및 모듈의 방열기술 역시 매우 시급한 대응이 필요한 시점이다. LED는 광 반도체 소자로서 다른 광원들과는 달리 입력된 전력 중 약 70 ~ 80% 이상이 열에너지로 전환되고 있다. 또한 열에 의한 칩의 온도상승은 광효율의 저하와 직접적으로 관계되어 있으며, 칩의 수명 또한 감소하게 하는 요인이 되어 LED칩의 온도를 10℃ 만 낮추어도 수명이 2배로 늘어날 수 있다.

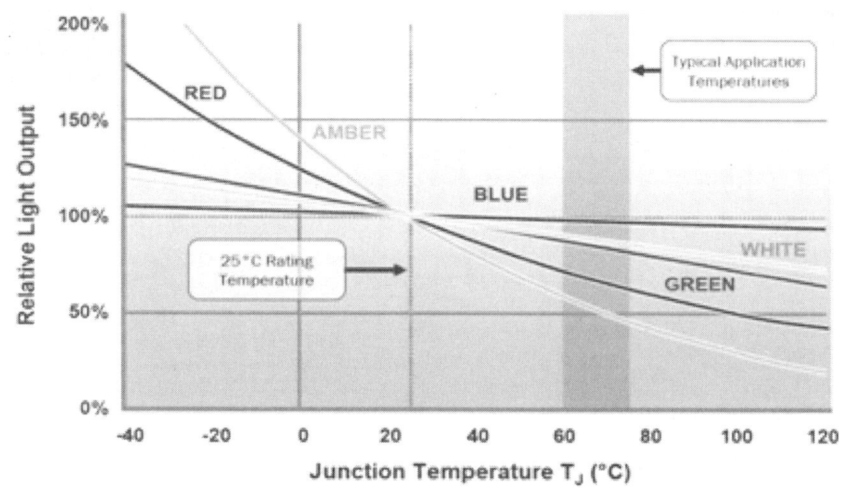

그림 2-32 LED 칩 온도 증가에 따른 광출력 감소 경향 (출처 : Lumileds 자료)

따라서 열을 효과적으로 방출해야 하며 이를 해결하기 위하여 모든 LED 패키지 및 조명 업체들이 패키지 및 모듈, 그리고 등기구에 이르기까지 방열소재 적용과 구조 설계에 역점을 두고 있다. 본 고에서는 LED 모듈을 구성하는 각 요소들을 살펴보고 각각의 방열 기술에 대한 기술 동향을 소개하고자 한다.

1. LED 패키지 기술

1-1. LED 패키지의 개념 및 기능

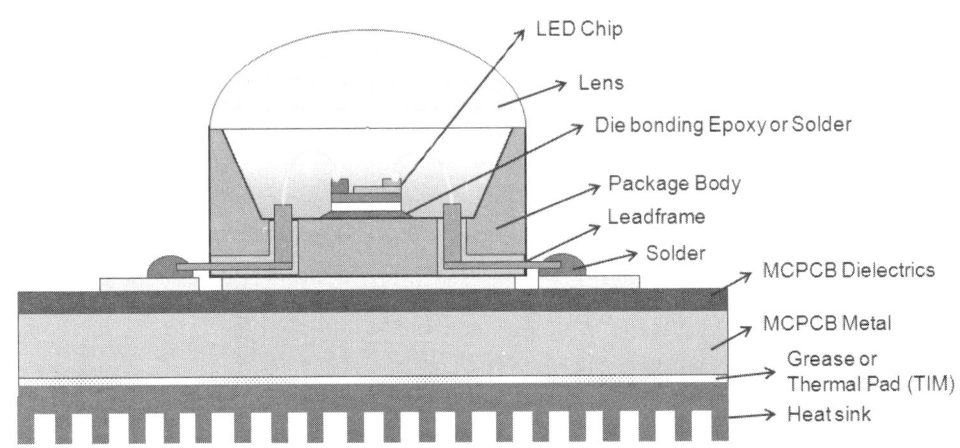

그림 2-33 LED 패키지의 기본구조

LED 패키지란 내부에 LED 칩을 실장하고 있으며, PCB 에 부착이 가능하도록 제조된 LED 소자를 의미한다. LED 패키지의 기본 구조는 그림 2-33에 나와 있는 것과 같이 LED 칩과 칩을 부착하기 위한 다이본딩용 에폭시 또는 솔더, 리드프레임 및 몸체, 전기적 연결을 위한 본딩 와이어로 나누어진다. 기존의 반도체 패키지의 경우, 반도체 칩을 외부 환경으로부터 보호하고 반도체 칩의 단자를 PCB 기판에 전기적으로 연결시키며 칩으로부터 발생되는 열을 외부로 전달하는 기능을 수행하여 왔다. LED 패키지의 경우 기본적으로는 기존 반도체 칩과 동일한 기능을 수행하면서도 칩에서 나온 빛이 최대한 외부로 빠져나갈 수 있도록 하는 기능이 추가적으로 요구된다.

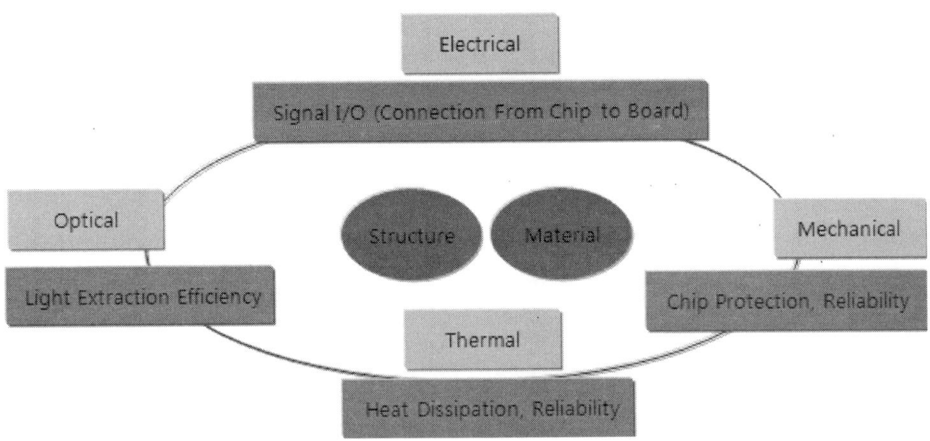

그림 2-34 LED 패키지의 주요 기능

LED 패키지의 종류는 사용되는 LED 칩의 출력, 패키지 형상, 응용분야, 패키지 몸체의 소재, 패키징 레벨 등 다양한 방법에 의해 분류가 되는데, 출력의 경우 20 mA의 정격전류를 가지는 일반형 패키지와 150 mA까지의 준 출력 패키지, 350 mA 이상의 정격전류를 가지는 고출력 패키지로 나누어진다. 소재의 경우 플라스틱, 세라믹, 금속 패키지로 나눌 수 있으며, 그림 2-35와 2-36은 형상 및 응용분야에 따라 LED 패키지를 구분한 것이다.

(a) Recessed Package

(b) Dome type Package

그림 2-35 형상별 LED 패키지

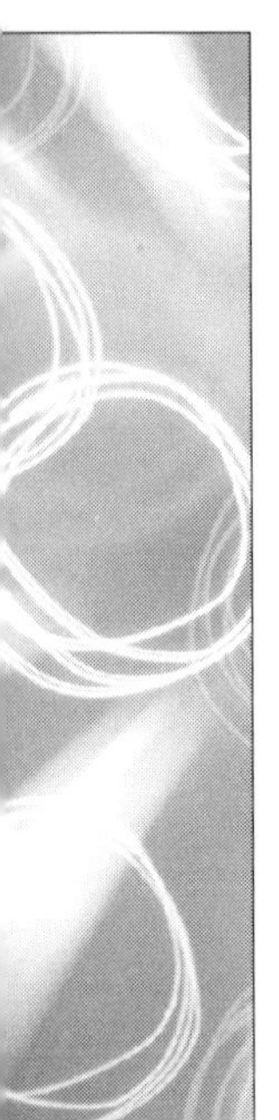

(a) Sideview (b) Topview (c) Chip LED

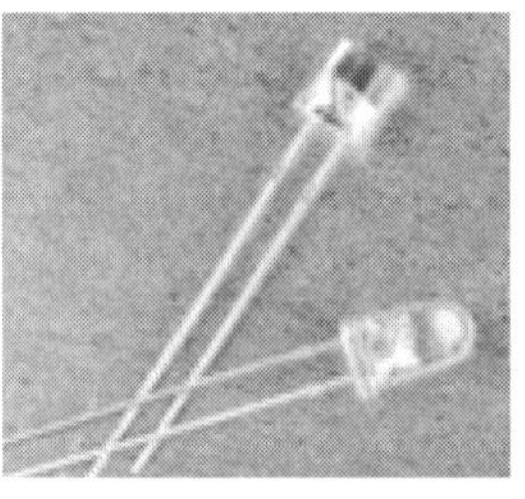

(d) Lamp LED (d) Flux type LED

그림 2-36 사용분야에 따른 LED 패키지 분류

1-2. LED 패키지의 종류와 특징

1-2-1. 고출력 LED 패키지 및 플라스틱 패키지

그림 2-37에서 보는 바와 같이 가해준 전력에 의해 발생하는 열에 의해 처음에 비해 온도가 올라가게 되면 그 온도 차이를 가해준 전력으로 나누어 준 것을 열저항으로 정의하며, 열저항이 크다는 것은 그만큼 LED 칩에서 발생된 열이 외부로 잘 빠져나가지 못한다는 것을 의미하게 된다.

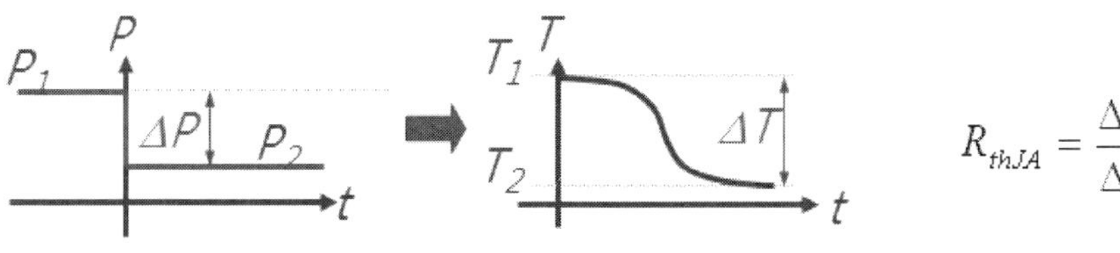

$$R_{thJA} = \frac{\Delta T}{\Delta P}$$

그림 2-37 열저항의 정의

기존의 정보표시 소자들은 리드프레임에 에폭시 수지로 몰딩하는 램프형의 패키지가 주로 사용되어 왔으며, 이 경우 열방출은 전기적인 연결을 수행하는 리드

선을 통해서만 가능하므로 열방출 효과가 미흡하여 열저항이 매우 높게 된다. 따라서 출력이 1W 이상이 되는 고출력 LED용으로는 이러한 패키지는 적합하지 않다. 현재 가장 많이 사용되고 있는 고출력 LED패키지는 플라스틱 본체에 열전도도가 우수한 구리나 알루미늄 등의 금속 물질을 칩 하단 위치에 채용한 형태가 주류를 이루고 있다.

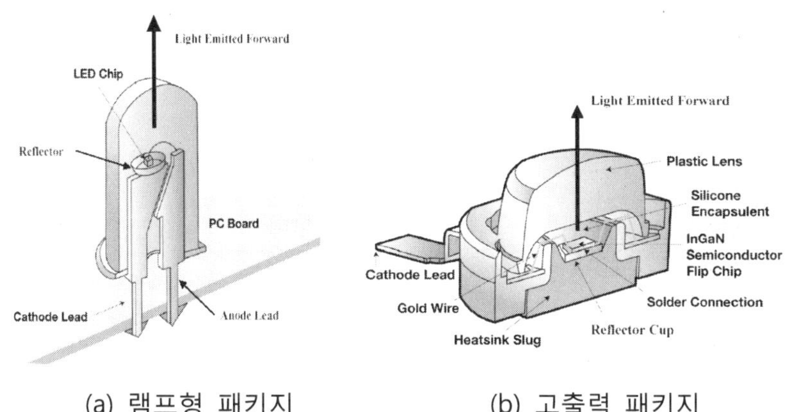

(a) 램프형 패키지 (b) 고출력 패키지

그림 2-38 램프형 패키지와 고출력용 LED패키지 (lumileds 자료)

플라스틱 패키지는 패키지 몸체가 열전달이 잘 되지 않는 플라스틱으로 이루어져서 주로 리드선만으로 열방출을 하게 된다. 따라서 기존의 램프형 패키지의 열저항은 300℃/W 이하, 리드선의 개수가 4개이고 굵기가 램프형 패키지에 비해 굵은 플럭스형 LED 패키지의 경우도 약 150 ℃/W 부근의 열저항을 가지고 있다. 하지만, LED 칩 하단에 금속물질(Heat Slug)을 채용한 고출력 패키지의 경우 10℃/W 이하로서 방열 성능이 매우 우수하다.

1-2-2. 웨이퍼레벨 패키지

웨이퍼레벨 패키지(Wafer Level Package)는 웨이퍼 및 반도체 FAB 공정에서 패키지 제조가 이루어지는 형태를 의미하며, 매우 사이즈가 작고 다른 반도체 소자와도 집적화가 가능하다는 장점을 가지고 있다. 실리콘 기반의 웨이퍼레벨 패키지는 실리콘 기판을 MEMS 공정을 이용하여 가공하여 패키지로 사용하고 있는데, 단결정 실리콘 기판의 우수한 열방출 효과와 함께 소형 및 다중 배열 형태의 구조가 가능하다는 장점이 있다(그림 2-39). 하지만 단결정 기판을 사용하므로 습식 에칭방법으로 식각하여 리플렉터를 제작할 때 리플렉터의 각도를 마음대로 변경

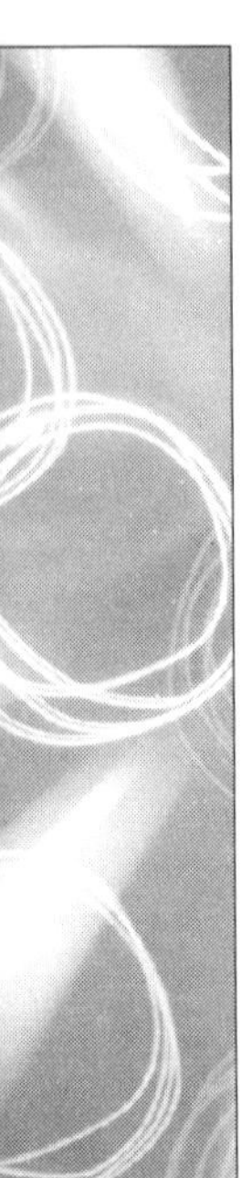

할 수 없으며 대량생산을 하지 않으면 가격 경쟁력이 약하다는 단점이 있다. 이에 비해 엄밀한 의미의 웨이퍼레벨 패키지는 아니지만 세라믹 기판을 기반으로 한 세라믹 기반의 웨이퍼레벨 패키지는 박막 또는 후막으로 기판 표면에 패턴을 형성하고 기판 표면을 식각하는 대신에 평면상에 LED 칩을 실장하고 렌즈를 성형하여 부착하는 형태를 취하고 있으며, 대량 생산과 저가격화에 유리한 방식으로서 주목을 받고 있다(그림 2-40).

NanoLED (LEXEDIS)

HyLED (Hymite)

XiOB (LG Innotek)

그림 2-39 실리콘 기반의 LED 웨이퍼레벨 패키지 (WLP)

(a) Lumileds

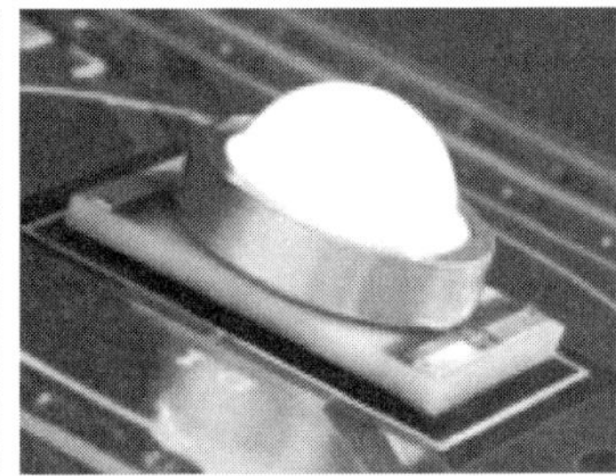

(b) Cree

그림 2-40 세라믹 기반의 LED 웨이퍼레벨 패키지 (WLP)

1-2-3. 적층 세라믹 패키지

최근에는 적층 세라믹 패키지가 고출력 LED용 패키지로서 사용량이 점차 증가하며 주목받고 있다. 세라믹 패키지는 패키지 몸체가 세라믹으로 이루어져 있는 것으로 기존 플라스틱 몸체에 비해 방열 성능이 우수하며, LED칩과 유사한 열팽창계수를 가지고 있어 LED 패키지 제조 중 또는 사용 중의 지속적인 온도변화에도 불구하고 장기적인 신뢰성이 우수하며 부피가 작아 소형화가 가능하고 복잡한 배선 형성이 가능하다는 장점을 가지고 있다 (표 2-7). 특히 세라믹 패키지는 무기물 소재로서 자외선에도 매우 안정하므로 자외선에 취약한 플라스틱 패키지 대신 UV LED 응용에도 적용이 가능하다. 또한, 세라믹 패키지의 열방출 효과를 더 높이기 위해 플라스틱 패키지와 같은 방법으로 칩 하단부에 방열용 비아홀(Thermal Via)을 형성하거나 금속물질(Heat Slug)을 부착하는 경우도 증가하고 있다.

표 2-7 플라스틱 패키지와 세라믹 패키지의 비교

	Plastic PKG	Ceramic PKG
방열 특성	0.47 (W/mK)	2~4(LTCC), 20~30(Alumina) (W/mK)
	8~14 (℃/W) (with Heatslug)	8~20 (℃/W) (with Thermal Via or Heatslug)
신뢰성	보통	우수
Thermal Expansion (TEC)	10~25 ppm/℃	5~6 ppm/℃
Array 적합성	보통	우수
가격 (Cost)	우수	보통
Size (Dimension, Thickness)	보통	우수
Design 변경 난이도	어려움	쉬움

적층 세라믹 패키지는 그림 2-41과 같은 적층 및 후막 제조 공정을 이용하여 LED 패키지의 몸체와 리드선을 제조한 것으로 기존에 사용되던 통신용 세라믹 인덕터나 콘덴서, 필터 등과 제조공정이 매우 유사하며 1,000℃ 이하에서 소결이 가능한 LTCC(Low Temperature Co-fired Ceramics) 소재와 고온 소결이 필요한 알루미나(Al2O3)와 같은 HTCC(High Temperature Co-fired Ceramics) 소재로 나눌 수 있다.

적층 세라믹 패키지에서는 방열 성능 향상을 위해 방열용 비아홀(Thermal Via)을 형성하거나 금속물질(Heat Slug)을 칩 하단에 위치시킴으로 인해 열저항을 감소시킬 수 있으며, 그림 2-42에 방열 대책이 되어 있지 않은 일반 LTCC LED 패키지 및 세라믹 기반의 WLP 와의 열저항을 비교하였다.

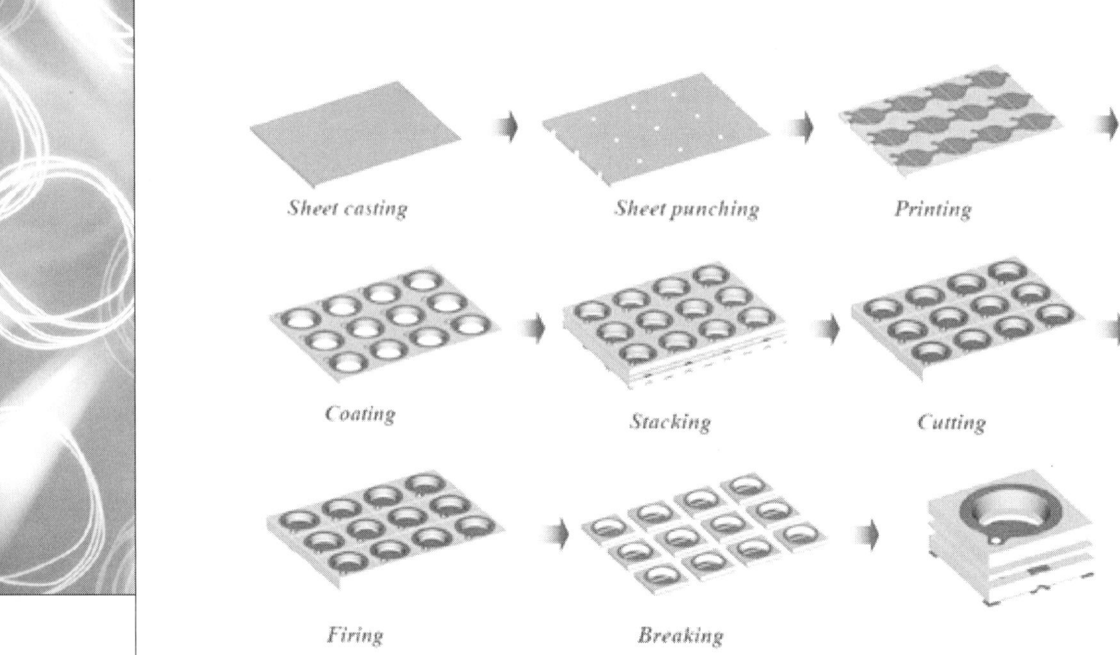

그림 2-41 세라믹 적층 LED 패키지 제조 공정 (출처 : Ceratech)

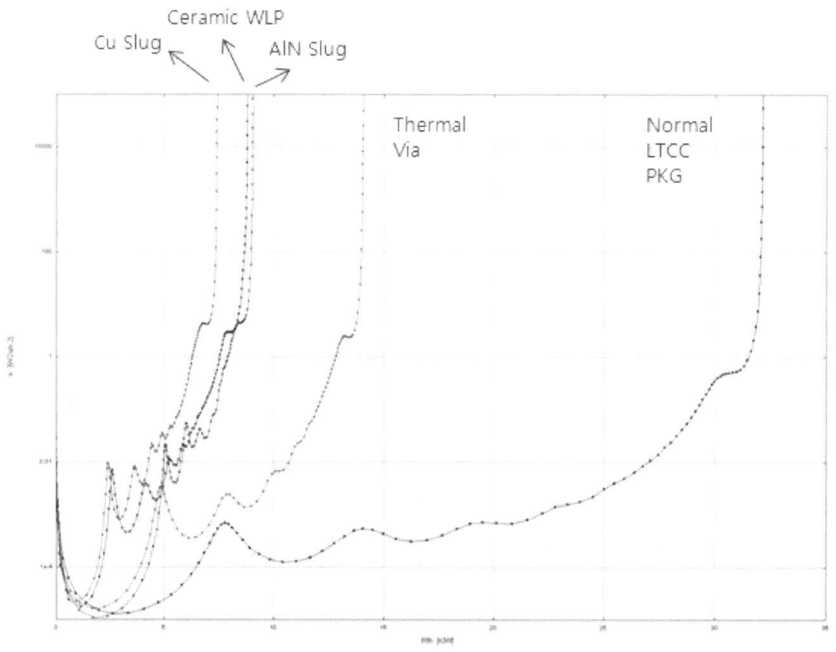

그림 2-42 세라믹 적층 LED 패키지의 열저항 측정 비교

1-2-4. 금속 패키지

금속 패키지(Metal Package)는 패키지의 몸체를 열전도도가 낮은 플라스틱을 사용하는 대신 열전도도가 높은 구리나 알루미늄과 같은 금속을 사용하여 패키지의 방열 특성을 극대화한 패키지라고 할 수 있다. 패키지 몸체와 리드선 모두 금속이기 때문에 절연을 위한 실링(Sealing)공정이 필수적으로 들어가야 하며 실링소재로는 유리를 녹여 사용하거나 에폭시 접착제 등을 이용할 수 있다. 또한, 금속 몸체의 가공은 기계가공으로 제조하기 어려우므로 금속분말사출성형법을 많이 이용하고 있다. 이 방법은 금속 분말을 유기 바인더와 혼합하고 사출성형방법으로 성형한 뒤 바인더를 제거하고 소결하는 공정을 거쳐 제조하게 된다. 단순한 사출성형만으로는 매끄러운 외관이 나오지 않아 2차 가공으로 외관의 치수 등을 다시 조절하여야 하는 경우가 발생하기도 한다. 그림 2-43에는 제조가 완료된 금속 패키지의 형상을 보여주고 있다.

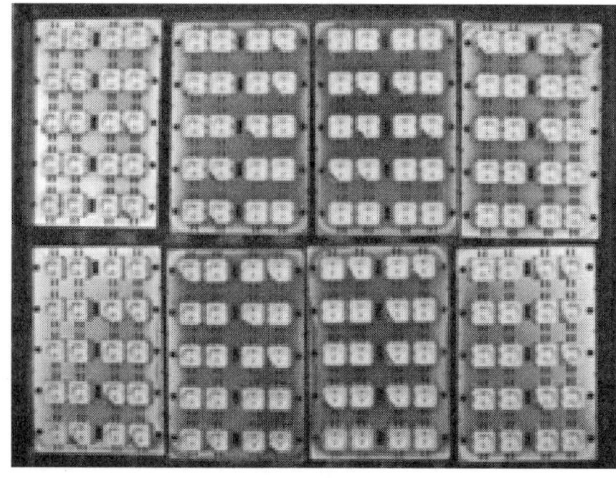

그림 2-43 금속 몸체를 가진 LED 패키지 리드프레임(출처 : Intops)

금속패키지의 방열특성은 앞서 서술한대로 몸체를 구리로 했을 경우 매우 우수하여 기존 플라스틱 몸체를 사용한 경우보다 반 이하의 열저항을 가지고 있었다. 그림 2-44에 그 측정 예를 표시하였다.

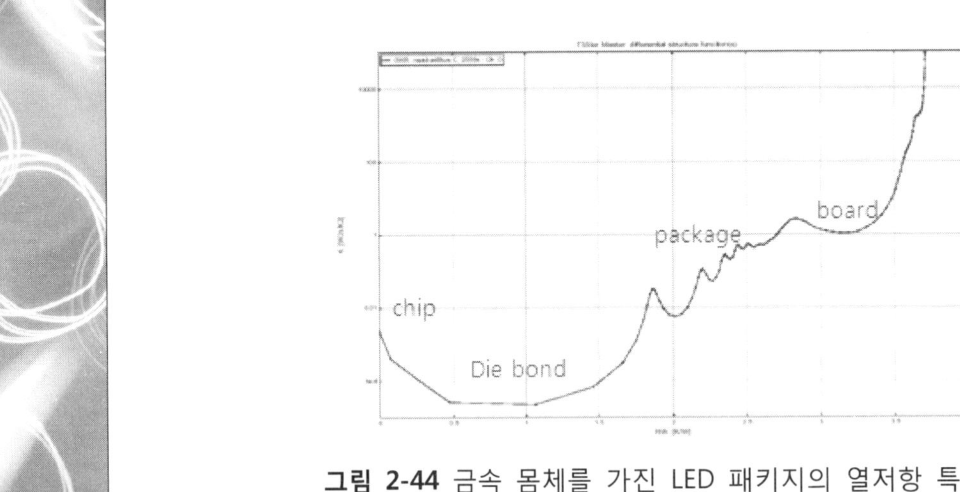

그림 2-44 금속 몸체를 가진 LED 패키지의 열저항 특성

1-3. 패키징 공정에서의 방열 향상

패키지가 LED 칩이 들어있는 소자를 의미한다면 패키징은 LED 칩을 패키지 몸체에 넣고 밀봉하는 일련의 공정을 의미하는 것이다. 일반적인 패키징 공정은 그림 2-45와 같이 LED 칩을 부착하는 다이본딩, 와이어로 LED 칩을 리드선과 전기적으로 연결하는 와이어본딩, 그리고 에폭시나 실리콘으로 외부를 감싸는 몰딩 공정으로 나누어진다. 이 중에서 가장 열 방출과 관련이 있는 공정은 다이본딩 공정이다.

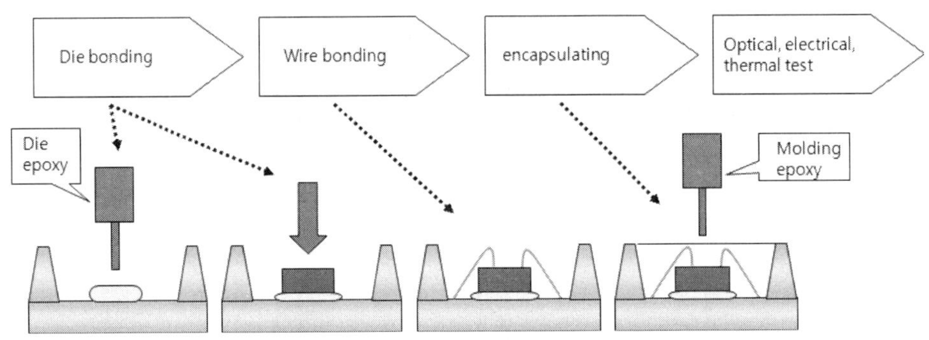

그림 2-45 LED소자의 패키징 공정

1-3-1. 다이본딩 공정

다이본딩을 위한 접착제는 열전달 특성이 우수한 은(Ag)가 함유된 에폭시 타입이 가장 일반적으로 사용되고 있으며, 에폭시의 낮은 열전도도를 은 분말을 혼합함으로 보완하고 있는 실정이다. 그림 2-46은 접착제의 열전도도 변화에 따른 열저항 감소 경향성을 보여주고 있다.

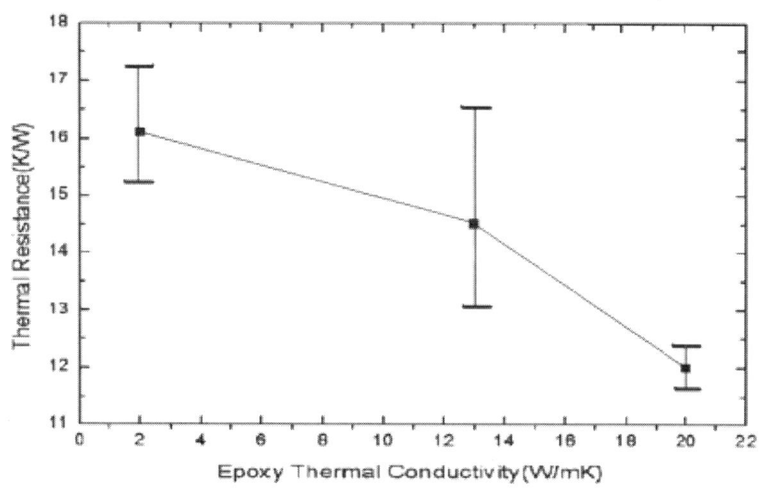

그림 2-46 접착제의 열전도도에 따른 열저항 변화

은 함유된 에폭시 접착제의 성능을 향상시키기 위한 방법으로 Carbon Nano Tube(CNT)나 Carbon Nano Fiber(CNF) 등을 첨가할 수도 있다. 그림 2-47은 접착제에 CNF를 첨가하였을 때 열전도도가 얼마나 향상되는지를 보여주고 있다. 약 5% 정도 함유되었을 때 기존에 비해 약 4.6 배 정도 열전도도가 향상되는 효과를 나타내었다. 하지만, 더 많은 양이 들어가면 열전도도가 오히려 감소하는 경향을 보이게 되므로 최적의 양을 찾는 것이 매우 중요하다.

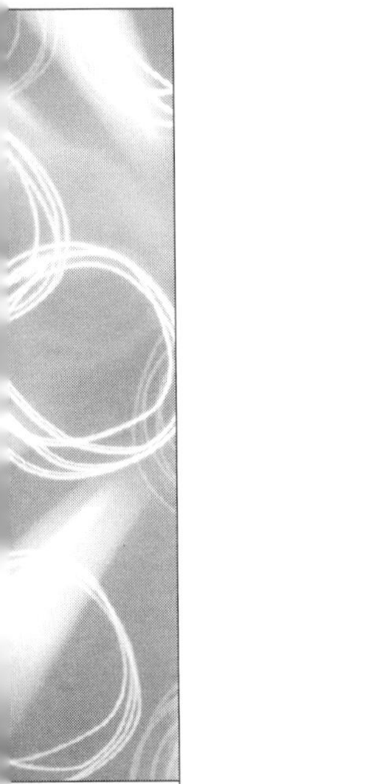

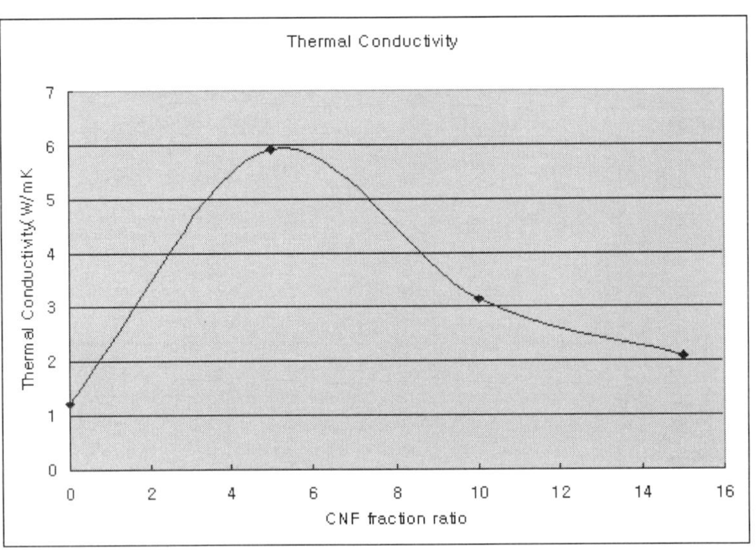

그림 2-47 CNF첨가에 따른 접착제의 열전도도 변화

에폭시 타입의 접착제는 고분자가 주 성분이므로 첨가제를 넣더라도 열전도도가 증가되는 것에는 한계가 존재하게 된다. 따라서 고분자 접착제 대신에 금속과 금속 접합에 사용되는 고온 솔더 소재인 Au-Sn 솔더를 사용하여 열저항을 감소시킬 수 있다. 특히, 일부 LED 칩 업체에서는 LED 칩 제작시에 칩 하단부에 Au-Sn 솔더를 증착시켜 제조하는 경우도 있다. Au-Sn 솔더를 사용하는 경우를 Eutectic bonding 이라고 하며 그림 2-48과 같이 기존의 Ag 에폭시를 사용하는 경우보다 열저항이 매우 낮아지고 있음을 볼 수 있다.

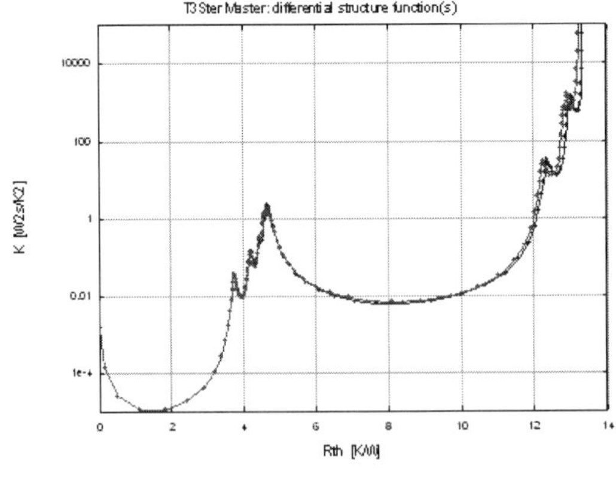

(a) Ag Epoxy Bonding

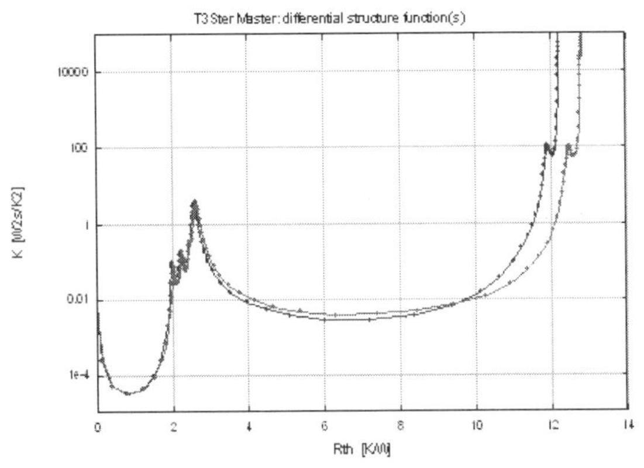

(b) Au-Sn Eutectic Bonding

그림 2-48 다이본딩 방법에 따른 열저항 변화

2. MCPCB (Metal-Core Printed Circuit Board) 기술

2-1. MCPCB의 구조 및 특징

저출력 LED의 경우는 열저항이 커서 소자 아래쪽으로 빠져나가는 열이 상대적으로 적기 문에 일반적인 회로 기판인 FR-4 기판 위에 부착하여 응용분야에 따라 여러 기기를 만들기도 하지만, 고출력 LED를 사용하게 될수록 대면적 칩을 사용하게 되며, 이로 인해 발생하는 발열 문제를 해결하기 위해 범용 FR-4 기판 대신 알루미늄과 같은 금속을 기반으로 사용하는 MCPCB(또는 Metal PCB)를 사용하는 것이 일반화되어 있다. MCPCB의 구조는 그림 2-49와 같이 일반적인 단층 PCB의 구조와 유사하지만 금속 Base가 있다는 것과 유전체(절연체)가 기존보다는 높은 열전도도를 가지는 물질로 이루어져 있다는 특징이 있다. 유전체는 주로 에폭시와 세라믹 분말의 복합 소재로 구성되며, 열전도도는 기존 에폭시 소재가 약 0.3 W/mK 인데 비해 현재 가장 범용으로 사용되는 MCPCB 의 경우 약 2 W/mK 정도이다. 유전체에 사용되는 세라믹 분말은 알루미나(Al_2O_3)가 가장 일반적이며 열전도도 특성을 향상시키기 위해 Boron Nitride 나 Aluminum Nitride 와 같은 질화물 계열의 분말이 사용되기도 한다. 그림 2-50은 MCPCB 의 단면 미세구조를 전자현미경으로 분석한 것으로 세라믹 분말이 에폭시 기지상에 혼합된 형태로 유전체 층에서 존재하고 있음을 확인할 수 있다.

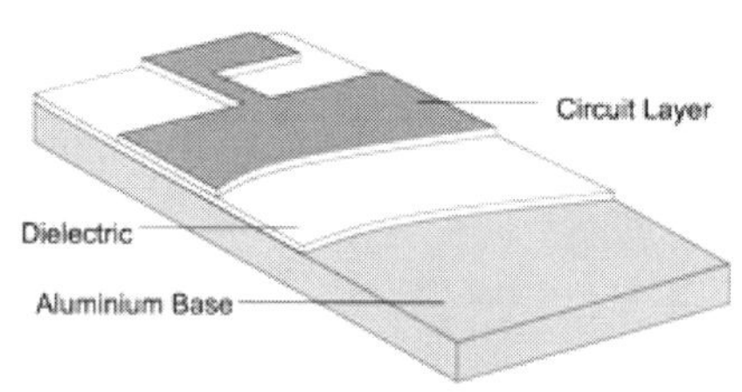

그림 2-49 일반적인 MCPCB의 구조 (출처 : Precel)

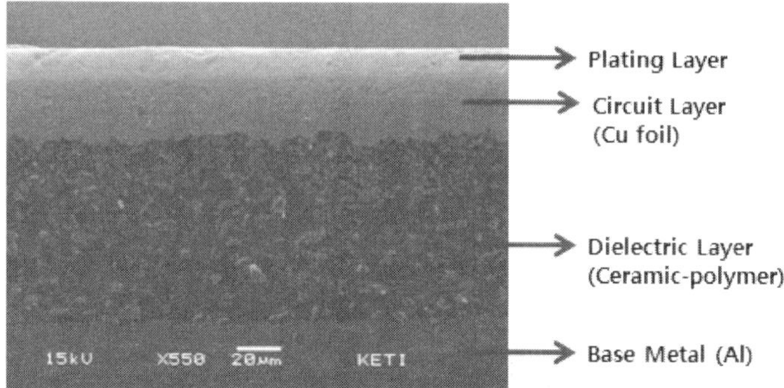

그림 2-50 MCPCB의 단면 미세 구조

2-2. MCPCB의 고방열 유전체 층

MCPCB 에 사용되는 유전체 층은 기본적으로 높은 열전도도를 필요로 하며 열저항이 낮고 고전압에서도 절연특성을 가져야 하는 요구조건을 가지고 있다. 유전체 층의 열전도도를 높이기 위해서는 세라믹 분말의 함량을 높여야 하는데, 너무 높이게 되면 유전체 층과 베이스 기판, 구리 패턴 층과의 박리가 일어나게 되므로 이를 방지하기 위한 공정 및 소재 구성비가 매우 중요하다. 일반적으로 고열전도도를 가지는 Filler를 레진 및 각종 첨가제와 혼합하여 구리 박판 위에 일정한 두께로 도포하고 건조하여 유전체 층을 형성하게 된다 (그림 2-51).

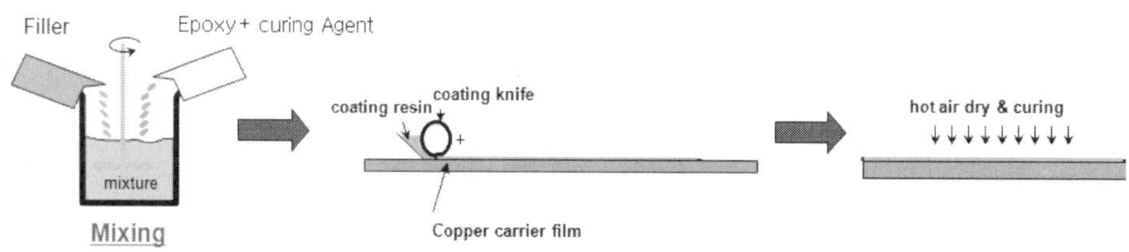

그림 2-51 MCPCB의 유전체 층 형성 공정

그림 2-52 (a)는 유전체 층의 열전도도에 따라서 1W LED 칩의 온도 변화를 시뮬레이션 한 것이다. 그림에서 확인할 수 있듯이 초기에는 유전체 층의 열전도도가 증가하면서 급격한 온도 감소 효과를 보여주고 있으나 더 높은 열전도도를 가지는 경우 그 온도 감소 양이 점차 줄어든다는 것을 알 수 있다.

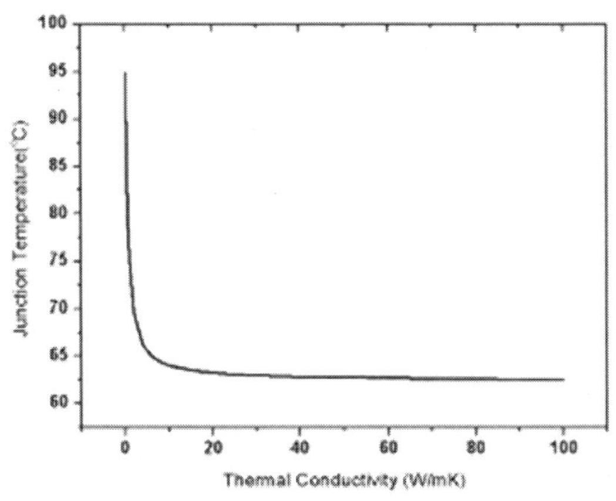

(a) 유전체층의 열전도도 변화

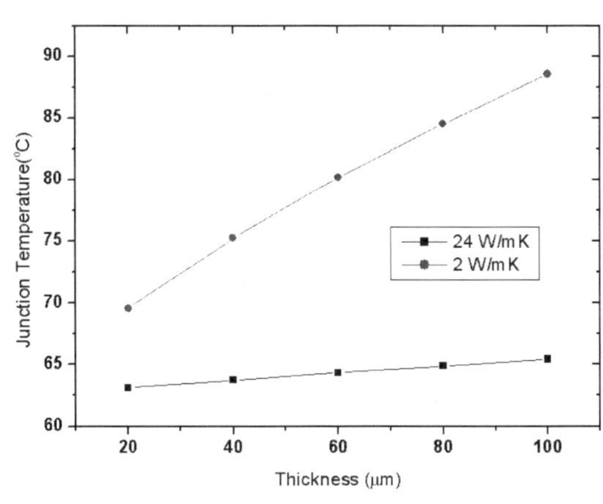

(b) 유전체 두께 변화

그림 2-52 MCPCB의 유전체 층 변화에 따른 칩 온도변화

또한, 그림 2-52 (b)에서 볼 수 있듯이 유전체층의 열전도도가 낮은 경우 유전체의 두께가 두꺼우면 방열 특성은 크게 저하되며 열전도도가 높으면 두께 변화에 방열 특성이 영향을 받는 정도가 상당히 감소하고 있음을 알 수 있다.

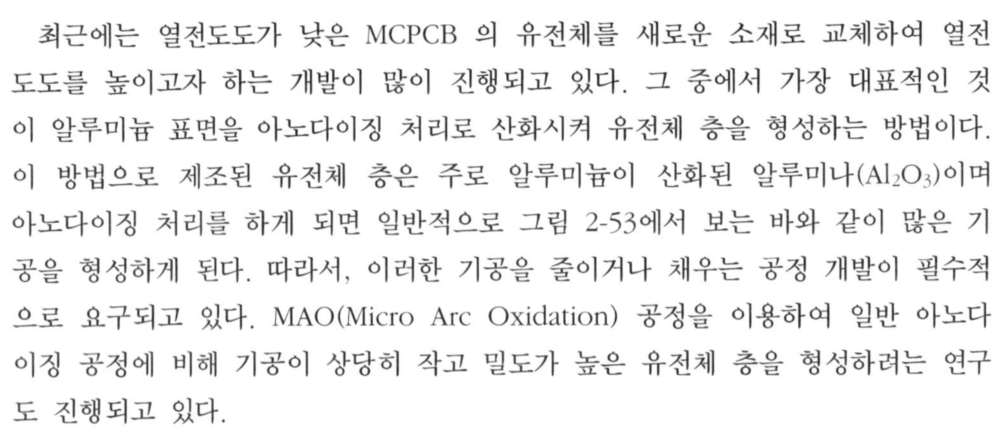

최근에는 열전도도가 낮은 MCPCB 의 유전체를 새로운 소재로 교체하여 열전도도를 높이고자 하는 개발이 많이 진행되고 있다. 그 중에서 가장 대표적인 것이 알루미늄 표면을 아노다이징 처리로 산화시켜 유전체 층을 형성하는 방법이다. 이 방법으로 제조된 유전체 층은 주로 알루미늄이 산화된 알루미나(Al_2O_3)이며 아노다이징 처리를 하게 되면 일반적으로 그림 2-53에서 보는 바와 같이 많은 기공을 형성하게 된다. 따라서, 이러한 기공을 줄이거나 채우는 공정 개발이 필수적으로 요구되고 있다. MAO(Micro Arc Oxidation) 공정을 이용하여 일반 아노다이징 공정에 비해 기공이 상당히 작고 밀도가 높은 유전체 층을 형성하려는 연구도 진행되고 있다.

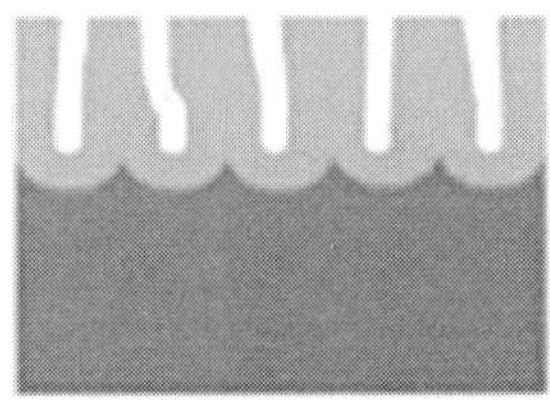
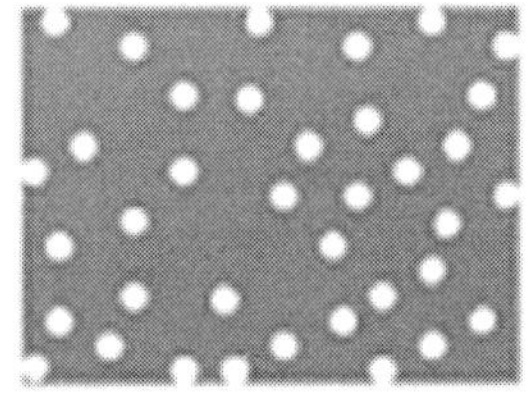

(a) 아노다이징에 의한 산화막 형상

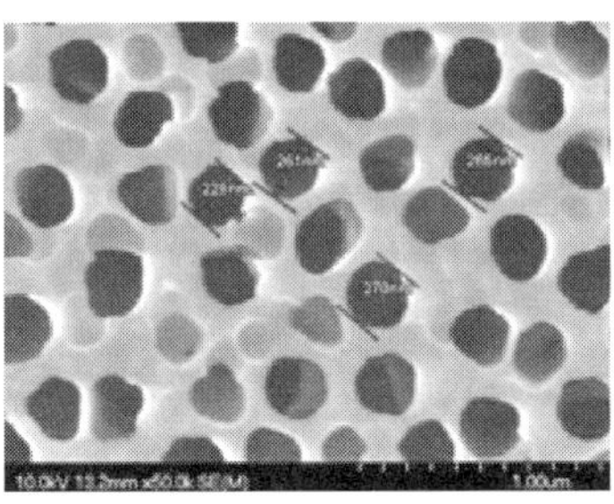

(b) 아노다이징에 의한 산화막 표면구조(Al2O3)

그림 2-53 아노다이징에 의한 Al2O3 산화막

또 다른 산화막 형성 방법으로 최근에 연구되고 있는 것 중 하나인 Aerosol Deposition(AD) 방법은 원료 세라믹 분말을 Carrier Gas 와 혼합한 에어로졸을 형성하고, 진공 중에서 노즐을 통해 에어로졸을 분사시켜 기판과 충돌하면서 발생하는 충돌에너지가 분말의 결합에너지로 변화하여 박막 화되는 현상을 이용한 것이다(그림 2-54). 이 방법의 특징은 다른 후처리 없이도 밀도가 높고 기공이 거의 존재하지 않는 치밀한 유전막을 상온에서 증착공정을 통해 얻을 수 있다는 점이다.

그림 2-55는 기존의 MCPCB 와 Aerosol Deposition을 통해 제조한 MCPCB 를 각각 적용한 LED 모듈의 열저항 측정 결과로서 기존 MCPCB 보다 더 낮은 열저항 값을 보여주고 있음을 확인할 수 있다.

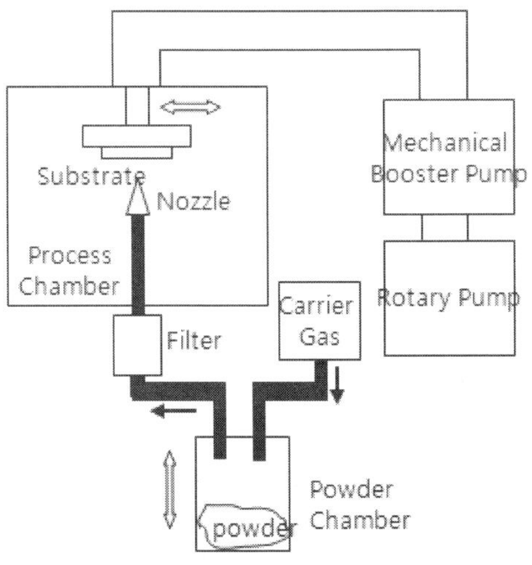

(a) Deposition System

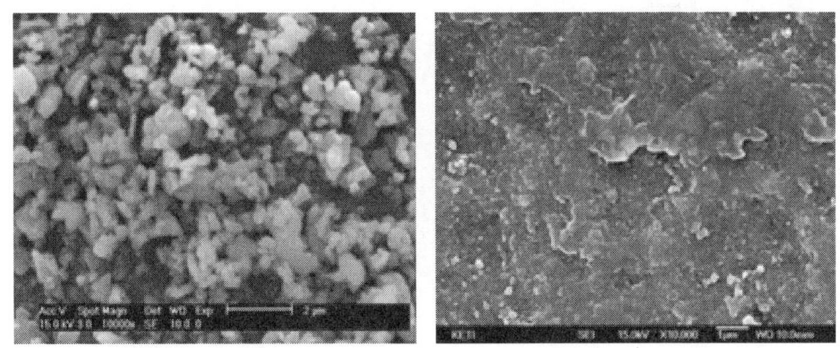

(b) 원료 분말(Al2O3) (c) 증착된 박막의 미세구조

그림 2-54 Aerosol Deposition(AD) 법에 의한 산화막 증착

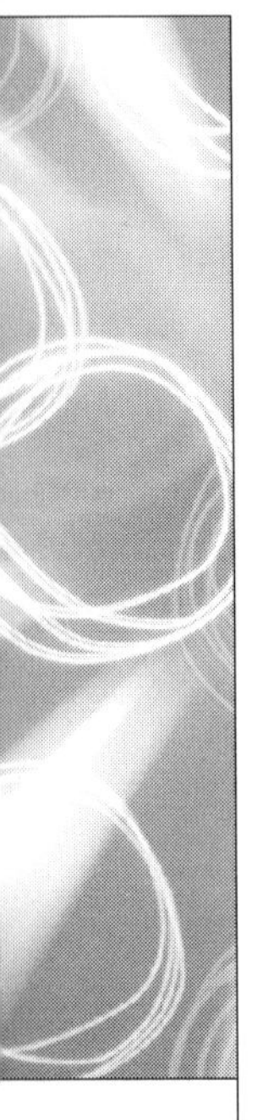

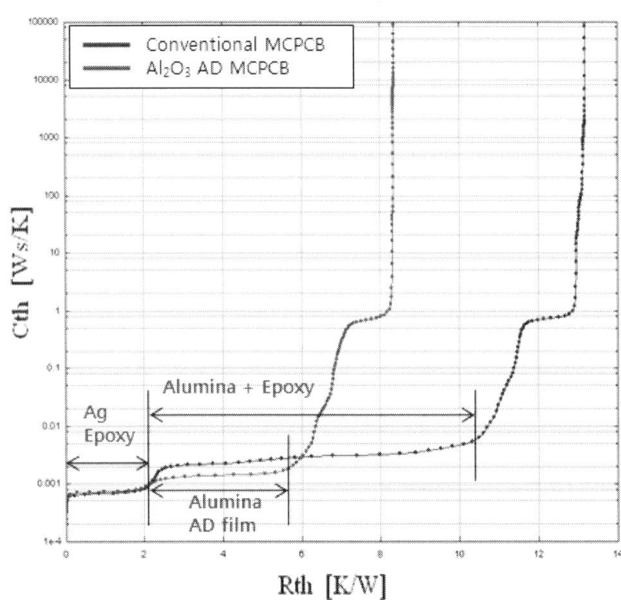

그림 2-55 기존 MCPCB와 AD법에 의한 MCPCB 의 열저항

3. LED 방열 기술

3-1. PCB 일체화 방열 기술

칩으로부터 히트싱크에 이르기까지 여러 구성 소재를 거치면서 열방출은 소재 자체의 열전도도에도 영향을 받지만 소재와 소재간의 계면에서의 접촉 저항에 의해서도 큰 영향을 받게 된다. 즉 열방출이 잘 안되면서 열저항이 증가하게 되는 것이다. 따라서 모듈을 구성하는 여러 요소를 일부 제거하거나 두 가지 구성요소를 일체형으로 만들어 열저항을 줄여주는 기술에 대한 연구 개발이 활발하게 진행되고 있다. 그림 2-56은 앞서 설명한 기술 중 가장 많이 개발 중인 COB, 히트싱크 PCB, COH(Chip on Heatsink) 기술을 각각 보여주고 있다. 각각의 경우 모두 기존의 LED 모듈 구성요소에 비해 구조적으로 단순하게 설계됨으로 인해 열저항이 감소된다는 것을 알 수 있다.

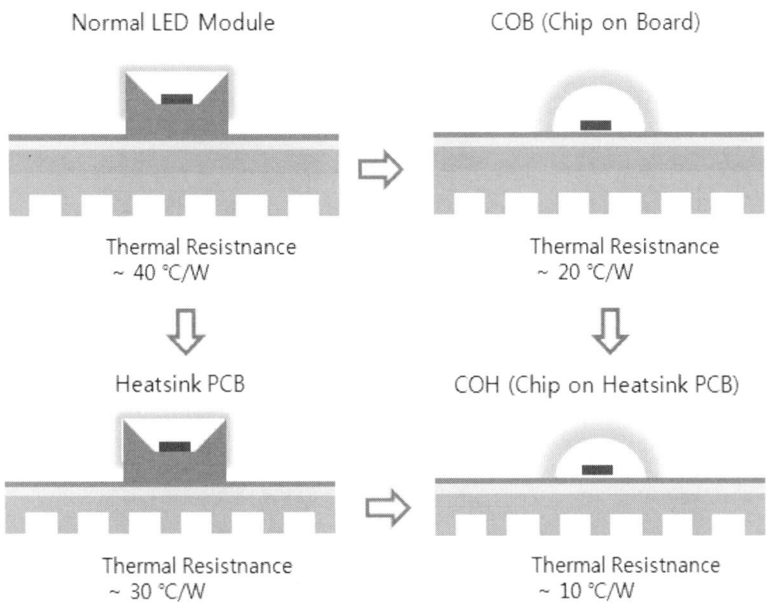

그림 2-56 열경로 감소를 위한 LED 모듈 일체화 기술

3-1-1. COB 기술

패키지와 PCB 기판을 일체화한 것이 COB (Chip on Board) 이며, 이는 칩을 패키지 내부에 실장하고 밀봉하여 제조하는 대신에 PCB 기판위에 직접 칩을 실장하고 그 위에 렌즈를 성형하는 방식을 사용한 것이다. 이러한 패키지는 칩에서 발생한 열이 빠져나가는 경로를 줄임으로써 전체적인 방열 효과를 증대시키는 데 유리하다. Mforce (Matsushita)나 6-chip Ostar (Osram) 같은 경우가 그 대표적인 예이다. (그림 2-57)

6-chip Ostar lighting module from Osram Opto Semiconductors, with silicone lens from Eschenbach-Optik.

(a) Matsushita (b) Osram

그림 2-57 열경로 감소를 위한 COB 기술

3-1-2. COH 기술

칩을 바로 히트싱크 위에 본딩하는 COH 기술은 열저항 측면에서는 가장 우수한 특성을 가지는 것으로 알려져 있다. 히트싱크 종류에 따라서 금속(Al)을 이용하는 경우와 알루미나 세라믹 가공을 통해 제조하는 경우도 있다. 이 경우, 열저항이 가장 작아진다고 알려져 있지만 실제로 열저항이 감소한다고 무조건 LED 모듈의 수며이 길어지는 것은 아니며 열 팽창 계수 차이로 인해 나타날 수 있는 열응력에 대한 대비가 필요하다. 따라서 히트싱크를 금속(Al) 대신에 세라믹 가공을 해 제작하고 인쇄 방법으로 그 위에 패터닝하는 경우도 개발되어 있다.

Metal Based COH
(by Anodizing& Metallizing)

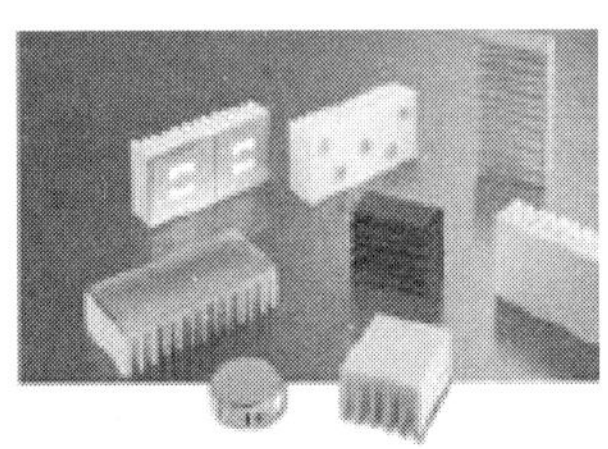

Ceramic Based COH
(by Metallizing on Al_2O_3)

그림 2-58 열경로 감소를 위한 COH 기술

3-1-3. Heatsink PCB 기술

Heatsink PCB 라 함은 히트싱크 상단부에 MCPCB를 부착하지 않고 히트싱크를 마치 MCPCB 의 베이스금속과 같이 사용하여 유전체 층을 바로 히트싱크위에 부착한 형태를 의미한다. COB 나 COH 의 경우 칩의 불량을 일일이 확인하기 어렵기 때문에 수율 향상에 어려움을 겪는 데 비해 이 기술은 흔히 사용되고 있는 LED 패키지를 그대로 사용할 수 있다는 점에서 유리한 기술이라 할 수 있다. 하지만, 히트싱크 위에 바로 유전체 층을 어떻게 형성할 것인가가 중요한 문제로 떠오르게 된다. 앞서 서술한 아노다이징이나 AD 방법을 이용하면 히트싱크 위에 유전체 층을 형성하는 것이 쉽게 가능하지만, 일반적인 적층 공법을 이용하기에는 어려운 점이 많은 실정이며 히트싱크의 형상이 복잡할수록 적층 압착 공정에서 균일한 압력을 가해주기 어렵기 때문에 더 적용이 불가능하다.

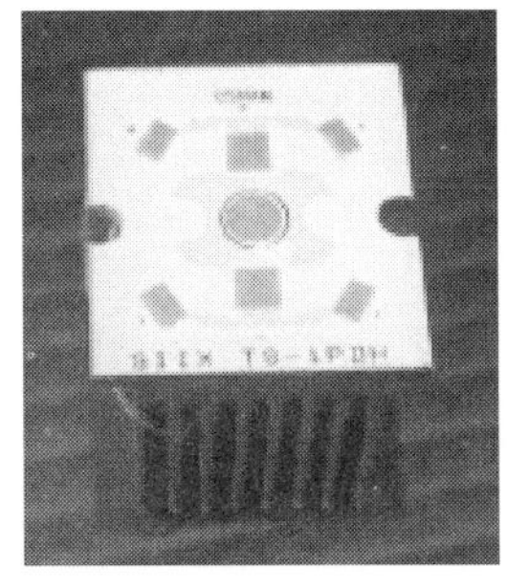

그림 2-59 열경로 감소를 위한 Heatsink PCB 기술

3-2. 시스템 레벨 방열 기술

3-2-1. TIM (Thermal Interface Material) 기술

기본적으로 고체와 고체를 접촉시키는 경우, 두 소재간의 계면에서 실제 접촉이 이루어지는 면적은 전체 면적의 약 1% 정도밖에 안되므로 열방출 효과가 크게는 저하되게 된다. 따라서 계면의 공기층을 채워주어 열전달을 시켜주는 물질을 TIM 이라고 하며, 그림 2-60과 같이 열전달이 필요한 접합 계면에서는 반드시 필요하다.

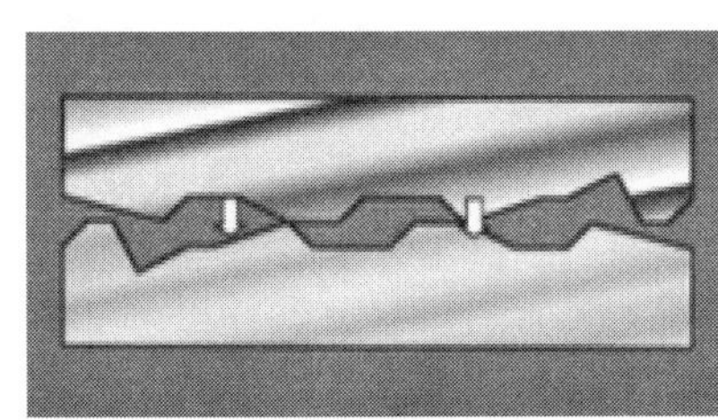

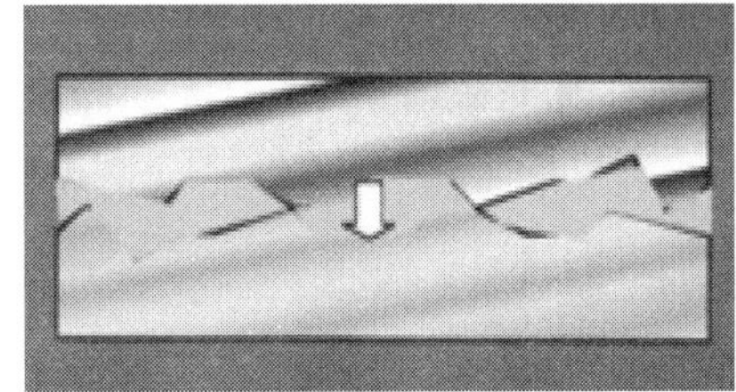

그림 2-60 열저항 감소를 위한 TIM 의 기능

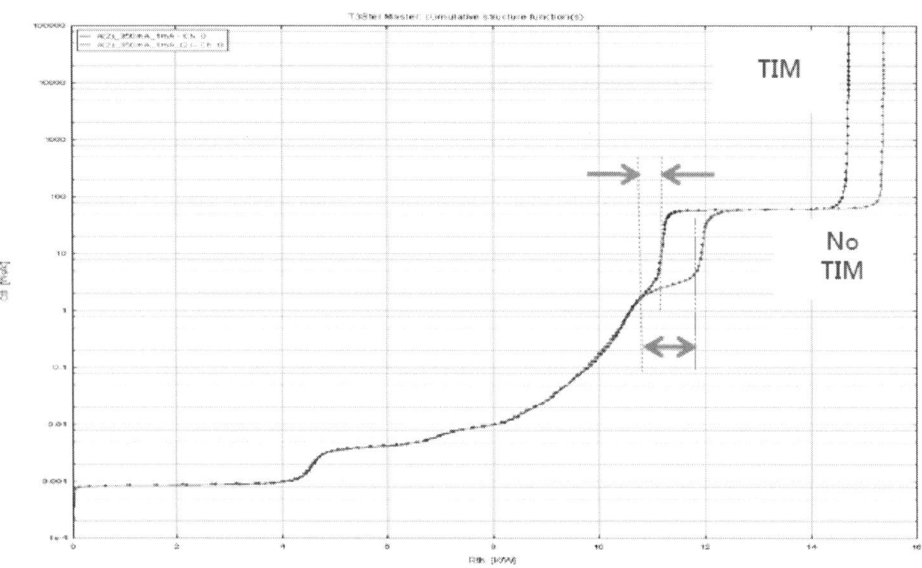

그림 2-61 TIM 사용에 의한 열저항 변화

TIM 은 형상에 따라 액체인 그리스(Grease)와 고체인 테이프(Tape) 형태가 가장 많이 쓰이고 있으며, 사용온도에서 고체에서 액체로 변하는 상변화물질이 사용되기도 한다. 그림 2-61은 TIM 유무에 따른 열저항 측정 결과로서 TIM을 사용한 경우가 그렇지 않은 경우보다 열저항이 감소한 것을 확인할 수 있다.

TIM 소재는 공극 충진 및 높은 열전도도의 두 가지 모순되는 성질을 동시에 만족시켜야 한다. 일반적으로 에폭시 등의 고분자 물질에 고열전도도의 충진재를 사용하여 제조되고 있으며, 현재까지는 10W/mK 미만의 낮은 열전도도 밖에 확보하지 못하고 있다. 원활하게 공기층을 채우기 위해서는 낮은 점도가 요구되는데 열전달을 보완하기 위한 무기 물질 복합체의 양이 증가할수록 TIM의 점도가 상승하게 되는 문제점이 있다. 최근에는 열전도도가 높은 탄소나노튜브(CNT, Carbon Nano Tube)나 탄소나노파이버(CNF, Carbon Nano Fiber)를 고효율 TIM 구현에 적용하려는 시도가 진행되고 있으며, TIM 으로 사용하는 CNT의 열저항은 기존 상용 TIM 제품에 비해 약 20% 수준인 것으로 보고되고 있다. CNT나 CNF를 TIM 의 Filler 로 사용하는 경우 단순 Mixing을 하여 사용하기도 하지만, CNT를 직접 성장시켜 사용하거나 CNF를 일렬로 정렬시키고 빈 공간에 에폭시 레진을 주입하여 정렬된 구조를 가진 CNF-에폭시 복합체를 형성하고 이러한 복합체를 얇게 슬라이싱하여 약 400 W/mK 이상의 높은 열전도도를 가진 TIM을 개발하기도 한다.

그림 2-62 정렬된 CNF를 이용한 TIM 소재 (출처 : BTech)

3-2-2. 히트싱크 기술

기존 조명과 LED 조명과의 가장 큰 차이점이라고 볼 수 있는 것 중의 하나로 LED 조명에서는 히트싱크가 등기구로서의 역할을 같이 하는 경우가 많아 등기구와 광원의 분리가 쉽지 않다는 것이다. 최종적으로 LED의 방열을 담당하는 히트싱크는 현재는 일반적인 전자시스템의 방열에도 주로 사용되는 알루미늄 소재를 주로 이용하고 있다. 히트싱크는 열전도도가 좋아야 하며 표면적을 넓히고 공기흐름을 원활하게 하기 위해 복잡한 형상을 가져야 하므로 가공성도 중요하다. 대량 생산을 하는 경우는 다이캐스팅이나 압출성형 방법으로 제조를 하게 되며 특히 수십W급 이상의 조명에서는 LED칩의 온도를 낮추기 위해 복잡하고 큰 히트싱크가 사용되고 있어 히트싱크의 소형화, 경량화가 주요 이슈가 되고 있다. 또한, 히트싱크용 고 열전도성 재료에 대한 연구가 오랫동안 진행되어 왔으나, 제조비용과 능력을 감안할 때, 재료의 선택 폭은 넓지 않은 상황이다. 표 2-8에 각 히트싱크 제조 방법별 장단점을 나타내었다.

표 2-8 히트싱크의 제조 방법 별 장단점 비교 (출처 : LED매거진)

Type	Best for	Resistance	Pros	Cons
Bonded	Large applications	High	Close tolerances	Expensive
Convoluted (folded) fin	Ducted air	High at low flows and low at high flows	High heat-flux density	Expensive, needs ducting
Die-cast	Low power applications	High	Can be inexpensive	Low thermal conductivity and expensive die charge
Extruded	Most applications	Varies	Versatile	Limited size
Forged	Many applications	Moderate	Inexpensive	Limited in design and flow management
Machining	Prototypes	Design dependent	Quickly available for testing	High aspect ratio fins difficult to machine – inconsistent fin geometry
Single Fin Assembly (SFA)	All applications	Very low	Light weight and low profile with high degree of flow	Expensive
Skived	Many applications	Moderate	Close tolerance	Thick base, higher weight, directionally sensitive
Stamped	Low Power	High	Inexpensive	Low performance
Swaged	High power applications	Medium	Good for power devices	Heavy and bulky, limited ability for flow management

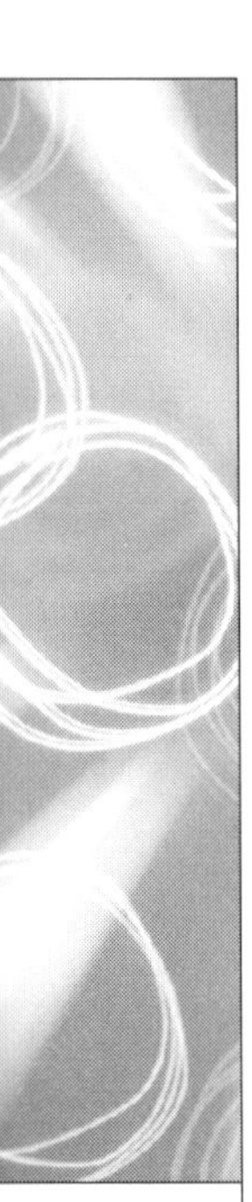

히트싱크는 기본적으로 Base와 Fin 으로 구성되며, Base 의 두께나 Fin 길이, Fin 두께, Fin 간격 등이 열방출 효과에 차이를 만들어 열저항이 달라지게 된다. 그림 2-63에 다양한 변수의 Heatsink를 제작한 것을 보여주고 있다. 각각의 Heatsink를 가지고 열저항 측정을 해보면 각각의 변수에 따라 열저항 차이가 나고 있음을 확인할 수 있다.

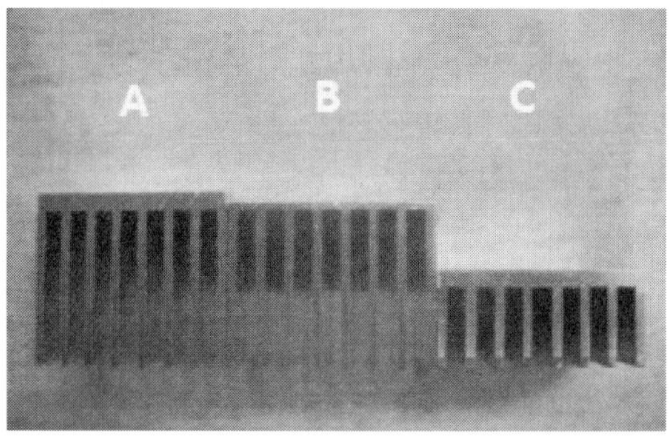

(a) Base 두께 및 Fin 길이 변화 샘플

그림 2-63 Continued.

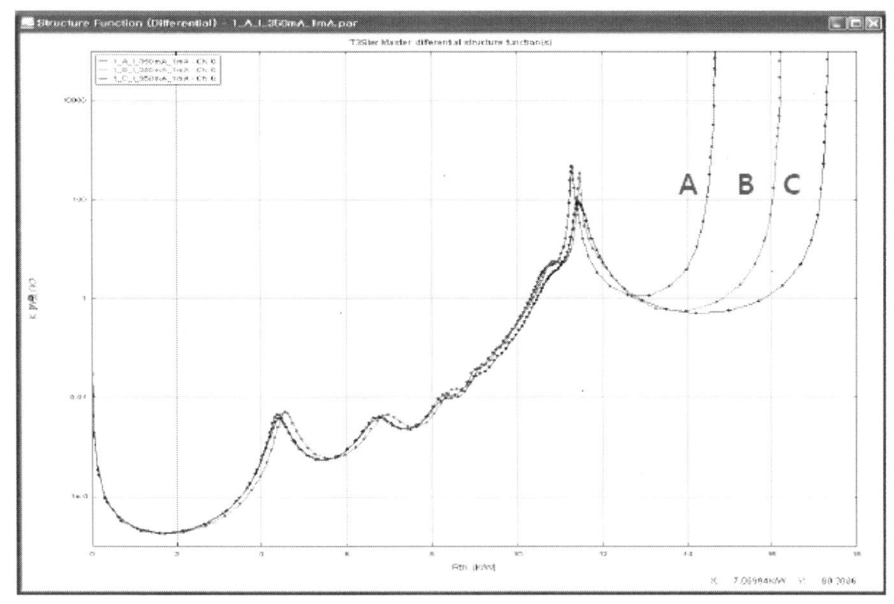

(b) 열저항 측정 결과

그림 2-64 Heatsink의 Fin 길이 및 두께 변화에 따른 열저항 변화

히트싱크의 열방출이 대류와 복사에 의해서 이루어지므로 열방사율(Thermal emissivity)를 증가시켜 열방출 효율을 증가시키기 위한 히트싱크의 표면 코팅기술도 상용화되거나 개발이 진행되고 있다 (그림 2-65). 특히, CNT 방열 도료를 이용한 히트싱크 코팅 기술 개발을 통해 열방출을 극대화하려는 노력은 매우 활발한 실정이다.

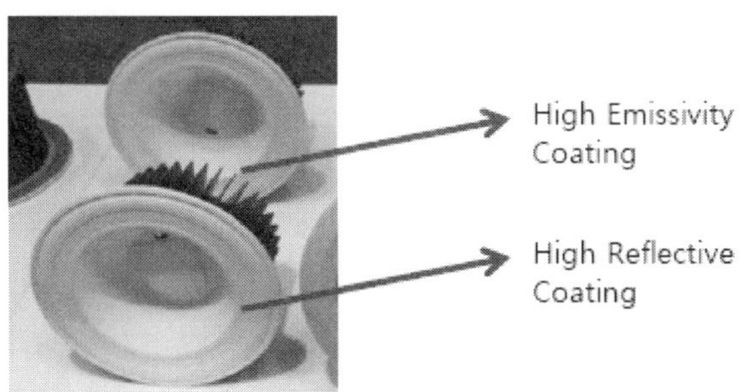

그림 2-65 광효율 및 열방출 효율 증가를 위한 등기구 코팅

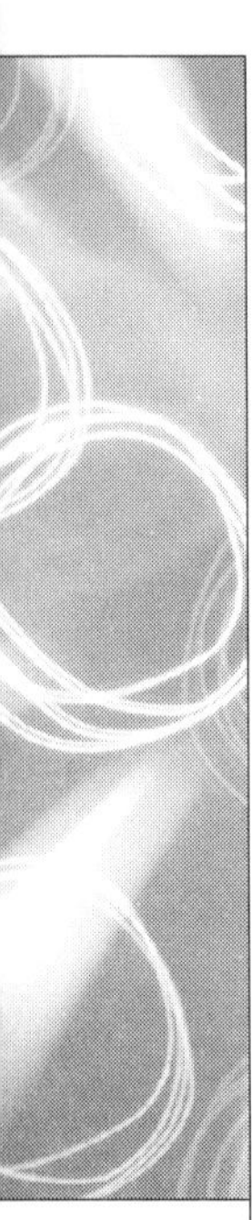

4. 결 언

앞서 서술한 바와 같이 기존의 조명을 대치하기 위한 대체 광원으로서 LED가 크게 부각되고 있다. 특히, LED조명에서는 기존 조명기술과는 달리 방열기술이 LED조명의 효율 향상 및 수명 확보 차원에서 매우 중요하게 지적이 되고 있다. 방열 구조상에서 보면 패키지로부터 히트싱크까지 각 요소기술에 대해 정확히 이해하고 방열을 위한 대책을 세워야 한다. 하지만, 무조건 LED 칩에서 발생한 열을 낮추려한다면 방열 시스템이 거대화되고 비용이 크게 상승하게 된다. 따라서 저비용 및 경량화가 이루어지면서 등기구로서의 디자인 측면도 함께 고려되는 효과적인 방열 구조를 가지는 조명시스템을 구축하는 방향으로 방열 기술이 발전할 것으로 예상된다.

제 3 장
LED 조명 설계기술

제 1 절. LED 광학설계

1. 개요

LED는 기존의 광원과 비교하여 사이즈가 작고 한 개의 LED에서 얻을 수 있는 광속의 양이 충분하지 못하기 때문에 LED를 조명용으로 사용하기 위해서는 여러 개의 LED소자를 조합하여 용도에 맞는 광속을 얻도록 해야 한다. 그러나 이 경우 각 LED소자 간에 밝기와 광색 등이 일정치 못한 성능의 불균형이 나타날 수 있으며 LED의 지향각과 배열 위치 등에 따라서 배광의 특성도 크게 달라지기 때문에 배치 장소, 조사 조건, 지향각 등을 고려하여 조명 설계를 하여야 한다.

본 장에서는 조명용 백색 LED설계 시 고려해야 할 사항에 대하여 간단히 설명하고 HB LED를 이용한 LED 조명기구 설계방법의 일례에 대하여 간략히 소개하도록 하겠다.

2. 광학설계시 유의사항

LED는 용도에 따라 크기 및 광도, 색도, 지향각 등의 특성이 달라지기 때문에 조명용 광원으로 LED를 조합하여 사용하기 위해서는 우선적으로 각 LED 메이커에

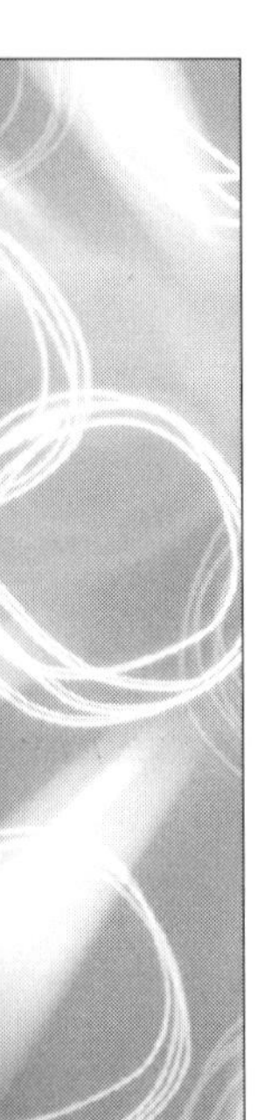

서 제시하는 데이터 시트를 참조하여 용도에 적합한 LED소자의 선정이 중요하다.

LED소자에 대한 선정이 결정되면 각 용도에 적합하도록 LED광학설계를 실시하게 되는데 일반적으로 광학설계에 필요한 시뮬레이션을 이용하여 렌즈 및 리플렉터, 등기구 등의 설계를 우선 실시한다. 특히 LED패키지를 사용할 때에는 소자의 위치, 크기 등의 부품 형상을 고려하여 설계하여야 하며 그렇치 못한 경우 실제와는 다른 결과를 얻을 수 있다.

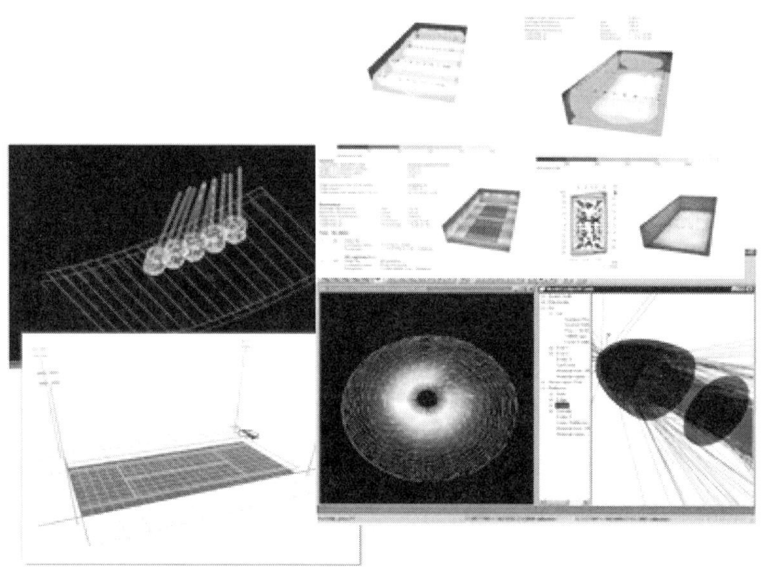

그림 3-1 각종 LED응용설계 프로그램

3. 렌즈 설계

렌즈 설계 시 우선 고려해야 할 사항은 렌즈의 재질로서 재질에 따라 투과율, 굴절율 등의 특성이 각각 다르기 때문에 재료 메이커가 제공하는 데이터 시트를 참조하여 설계에 필요한 재료를 선정해야 한다. 특히 이러한 재질은 온도변화에 따라 각 파라메터가 변화할 수도 있으며 주변재료와 렌즈의 열팽창계수의 차이로 고장을 초래하는 때문에 주의를 요한다.

재질이 선정되어지면 빛의 입사각과 출사각 등의 관계를 고려한 광학설계를 행해야 하는데 스넬의 법칙에 의하여 입사측과 출광측의 매질 굴절율을 각각 n_1, n_2라 하고 입사각과 출사각을 각각 θ_1, θ_2라 할 때

$$n_1 \sin\theta_1 = n_2 \sin\theta_2$$

의 관계식이 성립한다.

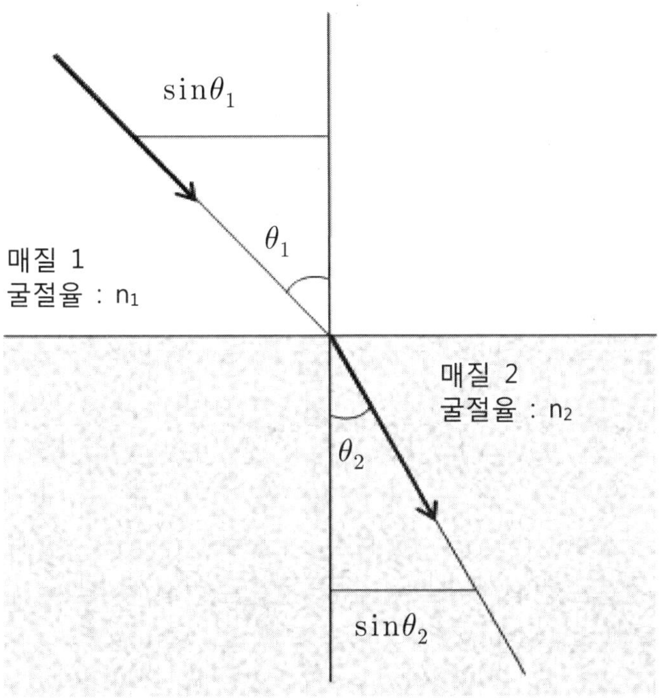

그림 3-2 스넬의 법칙

표 3-1 주요 매질의 굴절율

매질	굴절율
공기	1
물	1.33
광학 유리	1.45~1.92
아크릴	1.49
수정	1.54

LED를 조합하여 조명용의 백색 LED를 얻는 방법으로는 적색(R), 녹색(G), 청색(B)의 LED칩 3개를 이용하여 빛의 3원색을 만들어내는 방법과 청색 LED를 여기 광원으로 하고 이 때 발생하는 여기광과 YAG(Yttrium Aluminum Garnet)의 형광물질을 이용하는 방법이 일반적이다. 이 때 조사 면에서의 색이 불균일하게 고르지 못한 현상이 발생하게 되며, 또한 LED의 방향성에 의하여 설계자가 원하는 배광 패턴의 조절이 어려운 경우가 발생할 수 있는데 이에 대한 대책으로 광학 설계 시 확산판과 같은 여러 sheet를 배치시켜 이러한 문제를 어느 정도 해결할 수 있다. 하지만 이와 같은 기능을 갖게 할 경우 투과율의 저하로 인하여 광량이 감소하므로 설계 시 주의를 하여야 한다.

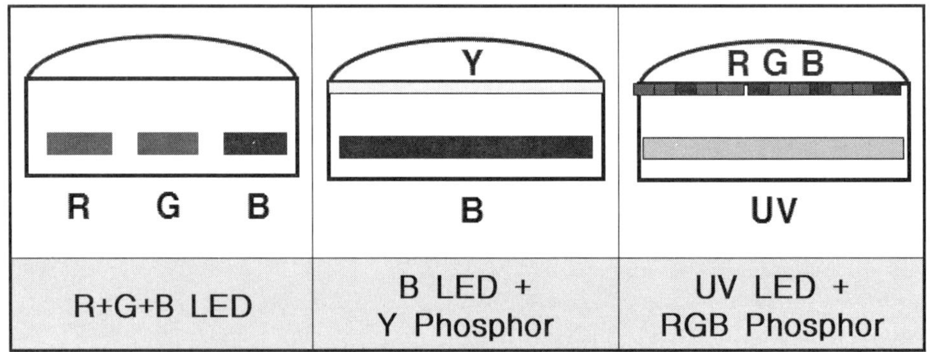

그림 3-3 백색광의 방사원리

표 3-2 주요 확산판 재료의 투과율

재료	두께 [mm]	투과율 [%]
투명유리(평활면)	1~4	90~92
프리즘 유리	3~6	70~90
장식유리(평활면)	3~6	60~90
부식유리(센딩/평활면)	2~3	63~78
부식유리(센딩/거친면)	2~3	82~88
유백색유리(백색코팅)	2~3	36~66

4. 리플렉터 설계

리플렉터는 광원으로부터 방사되는 빛을 반사면을 통해 반사시켜 빛의 진행 방향을 바꾸거나 조사되는 면의 배광 패턴을 조절하여 광원의 효율성을 높일 수 있기 때문에 필요에 따라 일반 조명용 광원에 여러 형태로 사용되어지고 있다. 리플렉터도 앞서 설명한 렌즈와 마찬가지로 재질에 따라서 반사율이 달라지기 때문에 이들 재질에 대한 특성을 반드시 잘 이해하고 설계하는 것이 중요하다.

근래에는 LED가 조명용 광원으로 사용되어지면서 리플렉터를 LED의 방열에 이용하는 경우도 있으며 주변재료와의 열팽창계수의 차이를 고려한 설계가 이루어져야 한다.

제 2 절. HB LED를 사용한 조명기구 설계기술

본 고에서는 조명용 고휘도(HB, high brightness) 백색 LED램프의 배열 및 여러 가지 등기구 글로브(globe)의 형태에 따른 광도(luminous intensity)값과 기구효율(luminaire efficiency)을 컴퓨터 시뮬레이션으로 수행하여 비교분석 하였다.

즉, LED의 배열은 가로×세로(7개×7개)가 정사각형 형태로 49개를 배열하고, LED 간격은 LED의 발광면 중심부로부터 8.2mm, 10.0mm, 15.0mm로 각각 3가지로 하였으며, 등기구의 글로브는 LED발광면 중심부에서 30mm, 50mm 떨어진 거리로 구분하였다.

또한 등기구 글로브가 없을 때와 있을 때로 구분하여 글로브가 있을 때에는 형태를 볼록 원형과 엠보(embossing)형태로 구분하고 엠보는 8.2 mm, 5.0mm의 크기에 따른 선택으로 시뮬레이션을 27가지로 수행하여 등기구의 글로브 형태에 따른 광도 및 기구효율을 고찰해 봄으로써 앞으로 21세기 디지털조명이라고 일컫는 LED를 사용한 LED 광원(light source) 및 등기구 개발에 많은 도움이 되고자 하였다.

- HB LED류 -

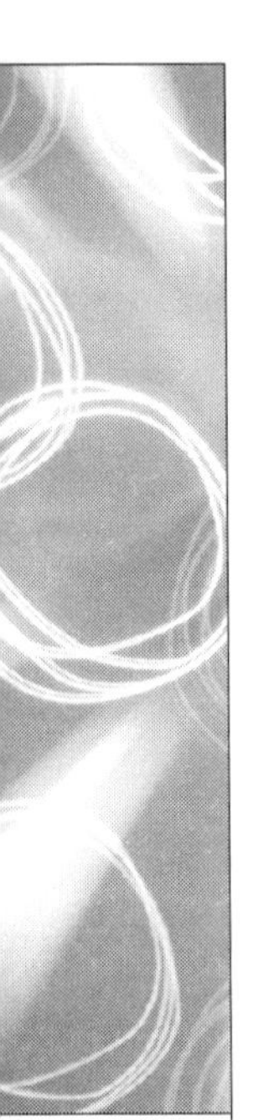

1. 서론

LED는 전기·전자·통신 분야의 신호용에서부터 조명·광고용, 손전등, 디스플레이 분야, 자동차의 브레이크나 시그날등, 간판, 피난 유도등(exit sign), 전광판 등 광범위한 용도로써 IT · BT · NT · ET · 光산업 및 반도체기술과 접목이 가능한 기술로서 고부가가치 창출이 가능한 조명산업분야이다.

이는 LED가 無수은으로 환경 친화적이고, 초경량이며 전력절감이 탁월하여 기존 조명기기의 대체가 가능하고 장수명·고신뢰성으로 간단한 구동회로와 R/G/B 색상제어가 용이하므로 앞으로 21세기 성장동력산업의 접목기술인 디지털 조명(digital lighting)을 특징으로 한 선도 기술로 자리매김할 것으로 생각된다. 현재 HB LED를 국내·외에서는 대량생산으로 한 원가의 절감과 LED Chip구조의 개선으로 조명용 LED를 개발하고 있다.

일본, 미국 등의 LED조명 선진국은 이미 1998년 및 2002년부터 대형 국가 프로젝트로 개발을 하고 있고 LED의 기술개발을 통한 세계시장 선점의 기회로 삼고 있으며 기존 조명시장 및 정보 디스플레이 산업의 활용이 예고된다. 또한, 삶의 질적 향상을 통해 옥내외 조명, 평판디스플레이 백라이트, 자동차 헤드라이트 등 산업 전반에 걸친 용도의 다양화로 에너지절약은 물론 고품위, 고출력, 고효율 LED조명의 수요 욕구 창출이 예상된다.

미국은 에너지부(DOE)를 중심으로 “Next Generation Lighting Initiative, Vision 2020”을 2002년부터 추진 중이며 2020년까지 18년 간 기존의 형광등 효율 약 3배 인 200 lm/W의 LED광원 개발을 목표로 추진 중에 있으며 에너지 위기에 대한 종합적인 대책의 하나로 국가 핵심주도 사업으로 수행하고 있다. 일본의 경우에는 통산성을 중심으로 “Light for the 21C” 프로젝트를 1998년 착수, 2008년까지 10년 간 형광등 효율 약 2배인 120 lm/W의 LED광원 개발을 목표로 추진 중에 있으며 이와 더불어 2010년까지 조명용으로 사용되는 에너지의 20% 감소를 이루어 CO_2의 배출량을 1990년 수준으로 내리는 목표로 병행 추진 중에 있다.

이밖에 대만의 기술개발 방향은 조명용 LED광원 개발을 위해 2002년 국가 핵심사업으로 지정하여 11개 기관을 중심으로 2005년까지 일본을 추월하려는 야심에 찬 계획으로 추진 중에 있으며 캐나다는 LED의 개발보다는 LED를 응용한 기술개발로 TIR사를 중심으로 2001년부터 2004년까지 LED로 어레이 한 제품류들을 프로젝트로 추진 중에 있다.

국내에서도 경찰청 및 국가 표준규격으로 LED를 사용한 교통신호등이 이미 제정된 바 있어 기존의 백열전구에서 LED로 제작된 교통 신호등으로 교체·사용 중에 있으며, 고휘도 발광다이오드의 신뢰성 인증시험방법에 대한 규정이 2004년 1월에 제정된 바 있다.

또한 LED의 가변색 광원개발과[3] R/G/B/A/W에 대한 광속, 연색지수(CRI), 상관 색온도(CCT), CIE 색도좌표 등에 대한 기본적인 광 특성에 대한 제시만 있었고 이에 따른 구체적인 측정기술의 표준이나 기술기준이 없으며 지금까지 조명용 LED광원으로서의 등기구의 글로브 제작이나 이에 따른 광도 및 기구효율에 대한 분석 결과는 없었다.

따라서 본 고에서는 LED의 배열과 글로브의 여러 형태에 따른 광도와 기구효율을 시뮬레이션으로 비교 분석하여 LED조명 개발에 실질적인 도움을 주고자 하였다. 사용된 LED는 표 3-1과 같으며 광 효율이 29.86 lm/W이고 빔 각도(beam angle)가 20° 인 Nichia사(日)의 5mm LED(NSPW-500)로서 소비전력은 72 mW, 광속은 2.15 lm 인 HB 백색 LED이다. 또한, 적용시킨 반사판 및 등기구의 글로브 사양은 표 3-2와 같이 반사율 88%, 투과율 92%인 Alanod 410G/3 및 Generic사의 Clean Acrylic을 사용하였다.

표 3-3 HB 백색 LED의 사양.

구 분	전력 [W]	광속 [lm]	색도좌표 (x, y)	빔 각도 [°]	광 효율 [lm/W]
NSPW-500	0.072	2.15	0.31, 0.32	20	29.86

표 3-4 반사판과 글로브의 사양.

구 분	재 질	비 고
반사판	Alanod 410G/3	반사율 88%
글로브	Generic사의 Clean Acrylic	투과율 92%

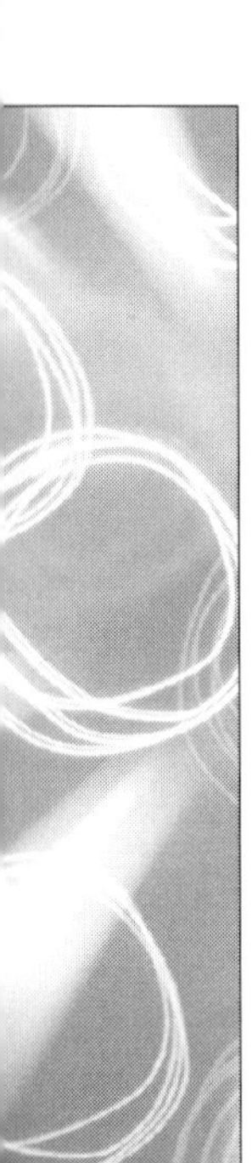

2. 본론

2-1. LED배열과 글로브의 형태

등기구에서 글로브 하단부분의 엠보는 반구 형태로서 각도는 45°, 지름은 각각 8.2 mm, 5.0 mm로 하였고 LED발광면의 중심부로부터 거리는 30 mm, 50 mm 하였다.

표 3-5 LED의 간격과 글로브의 형태에 따른 시뮬레이션 구분.

LED의 간격 [mm]	LED광원 등기구의 글로브 형태			시뮬레이션 수
	사용 유·무		거리*	
8.2	무		-	1
	유	볼록 원형	30.0/50.0	2
		엠보간격 8.2	30.0/50.0	6
		엠보간격 5.0		
		엠보간격 5.0**		
10.0	무		-	1
	유	볼록 원형	30.0/50.0	2
		엠보간격 8.2	30.0/50.0	6
		엠보간격 5.0		
		엠보간격 5.0**		
15.0	무		-	1
	유	볼록 원형	30.0/50.0	2
		엠보간격 8.2	30.0/50.0	6
		엠보간격 5.0		
		엠보간격 5.0**		

*LED발광면 중심으로부터 글로브까지의 거리

**그림 3-5의 (c)

그림 3-4는 등기구 글로브의 엠보 구조로서 각도를 나타낸 것이며 그림 2는 엠보의 3가지 형태를 나타낸 것인데 그림 3-5의 (a)는 LED의 발광면 중심으로부터 글로브 엠보의 크기를 8.2 mm로 한 것이고, 그림 3-5의 (b)는 5.0 mm의 엠보 크기로 2개를, 그림 3-5의 (c)는 5.0 mm의 엠보 크기로 3개를 하였을 때 엠보의 중심부로 하여 글로브의 형태를 나타낸 것이다.

그림 3-6은 시뮬레이션 상에서 LED 49개를 배열한 형태이며 LED의 중심축으로 각각의 LED 간격을 8.2mm, 10.0mm, 15.0mm 3가지 형태, 즉 8.2mm / 10.0mm / 15.0mm 간격으로 배열하여 표 3-5와 같이 27가지를 수행하였다.

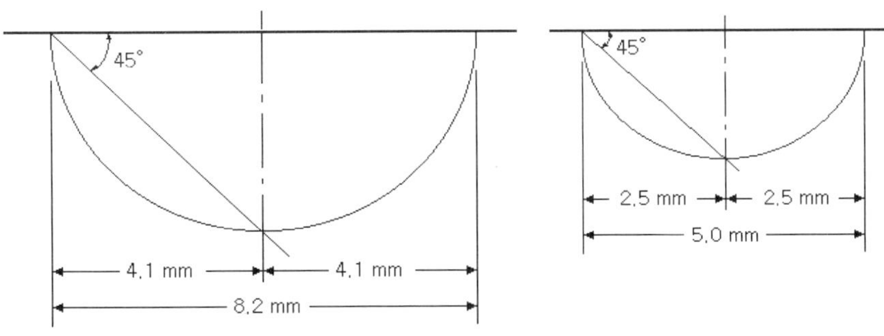

그림 3-4 엠보의 구조와 각도.

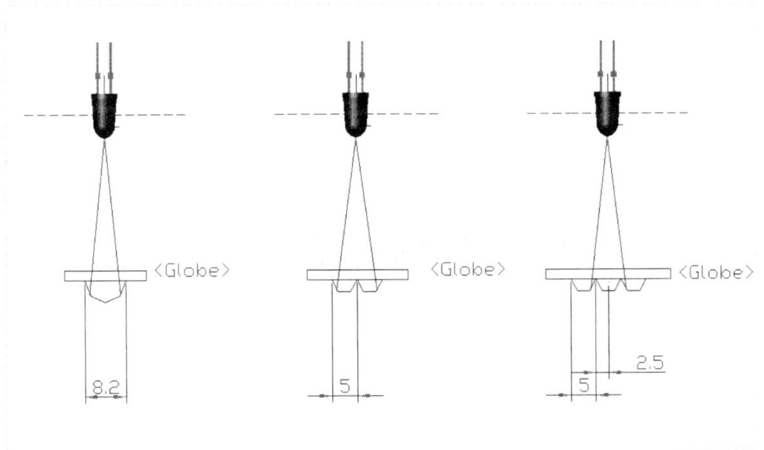

그림 3-5 LED램프에 적용된 글로브 형태.

그림 3-6 LED램프 7×7개의 배열.

그림 3-7은 등기구에서 반사갓의 치수를 나타낸 것으로서 보안등으로 많이 사용되는 원형으로 하여 반사갓의 옆면은 56°, 27° 로 설계하고 등기구의 반사갓은 3D로 그림 3-8에 나타내었으며, 그 크기는 230 mm 원형으로 하였다. 또한 그림 3-9와 같이 반사갓을 부착한 등기구의 글로브는 5가지 형태로 해서 수행하여 비교 검토하였다.

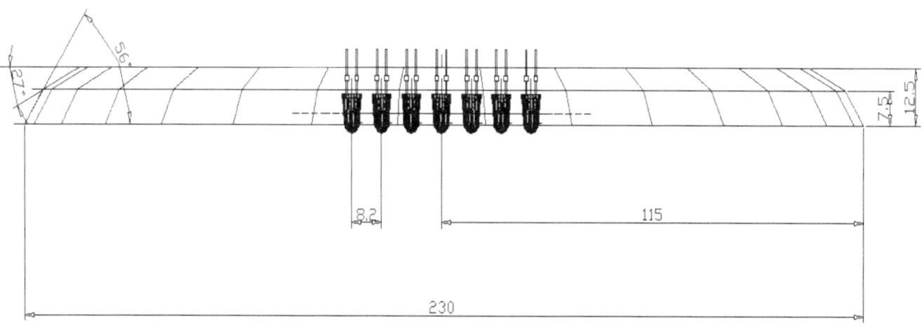

그림 3-7 LED와 반사갓의 치수.

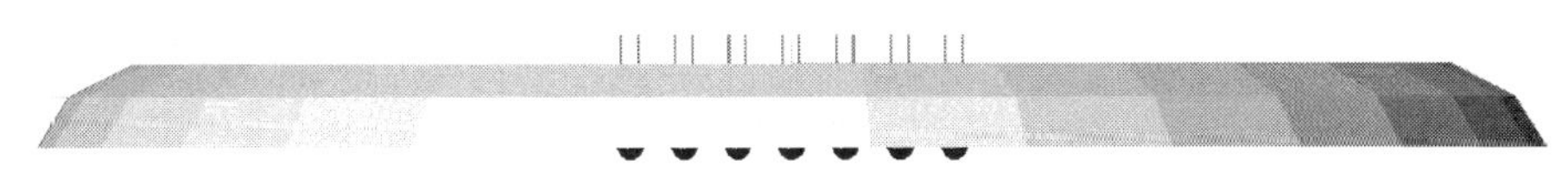

(a) 측면도

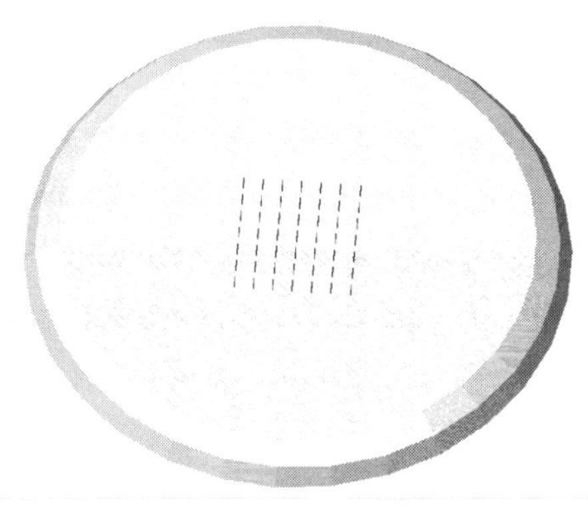

(b) 평면도

그림 3-8 반사갓의 정면도와 평면도의 3D형태.

2-2. 시뮬레이션 과정

CAD에서 작업한 LED 램프 파일을 시뮬레이션 프로그램에서 불러들여 그림 3-10과 같이 레이어(Layer)의 단위를 인식하고 LED램프의 발광과 반사갓이 인식되었는지 여부를 확인하였다. 이 중에서 "Layer to orient"는 CAD에서 작업한 레이어를 선택하는 부분이고 “surface orientation method"는 반사판을 인식하기 위한 여러 가지 방법을 나열해 놓은 것이다.

그림 3-11은 LED가 발광된 상태인데 여기에서 LED의 사양을 확인할 수 있다.

등기구의 Reflector Material은 Alanod 410G/3 88%와 Globe Material은 Generic사의 Clean Acrylic 92%를 적용하고, 그 후 그림 3-12와 같이 동일한 조건을 지정하여 시뮬레이션을 수행하였다.

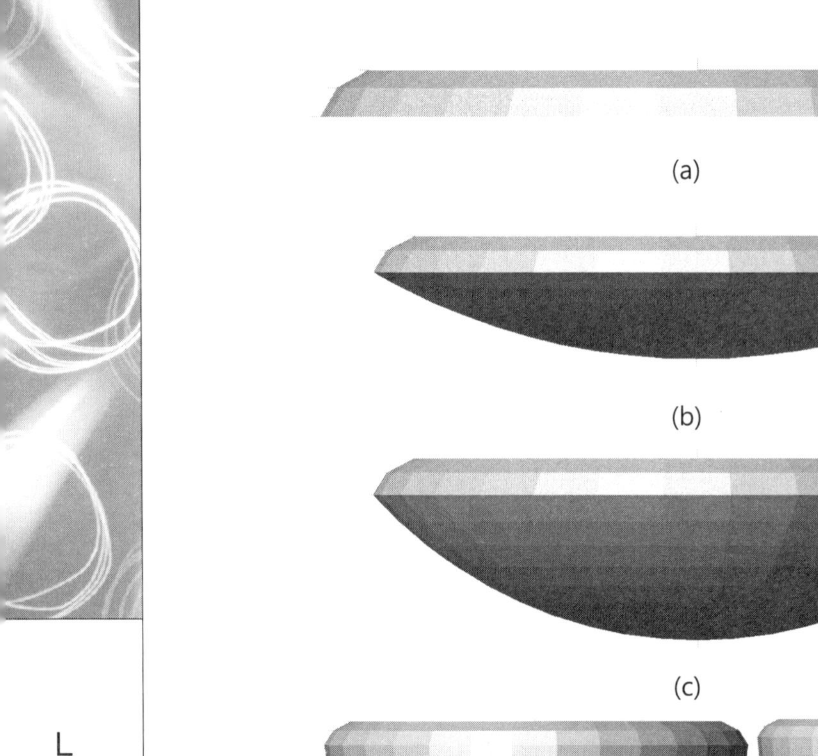

(a)

(b)

(c)

(d) (e)

(a) 글로브 없음

(b) LED발광면 중심으로부터 글로브가 30 mm 떨어져 있을 때(글로브의 각 15°)

(c) LED발광면 중심으로부터 글로브가 50 mm 떨어져 있을 때(글로브의 각 23°)

(d) LED발광면 중심으로부터 글로브가 30 mm 떨어져 있을 때 엠보형 등기구 형태(글로브의 각 8°)

(e) LED발광면 중심으로부터 글로브가 50 mm 떨어져 있을 때 엠보형 등기구 형태 (글로브의 각 5°)

그림 3-9 반사갓에 부착된 글로브의 형태.

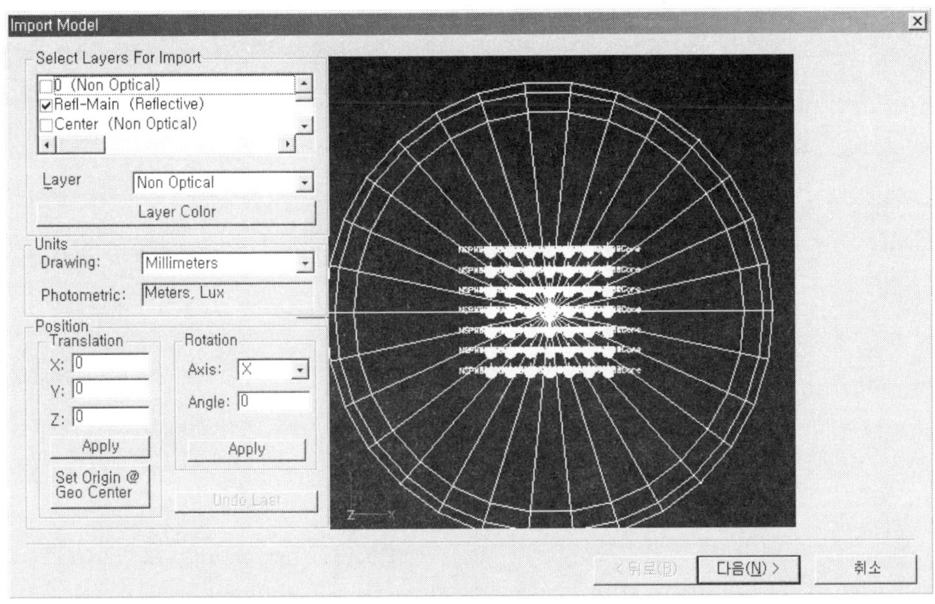

그림 3-10 LED 배열 형태(Form of LED arrangement)

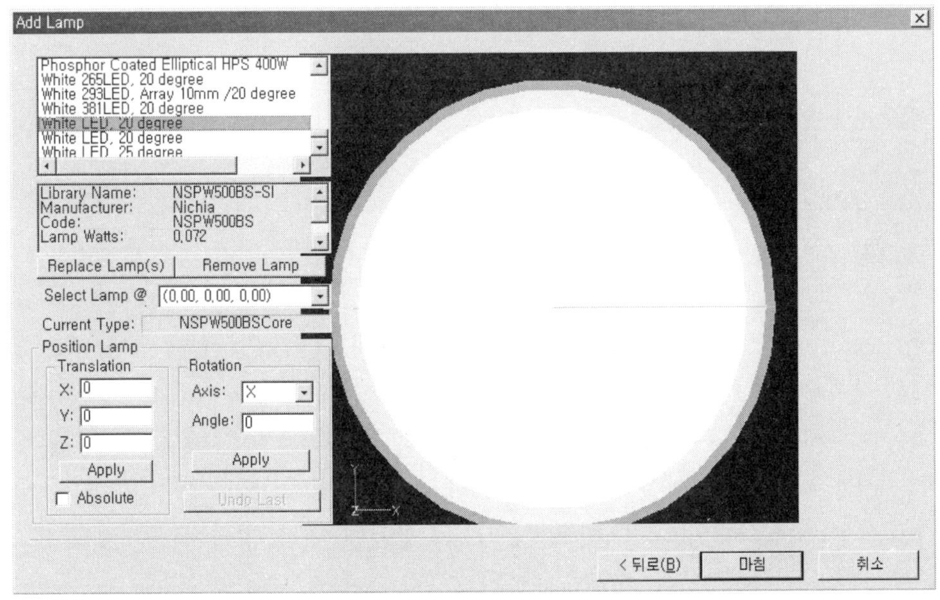

그림 3-11 LED광원의 발광(Radiation of LED light source)

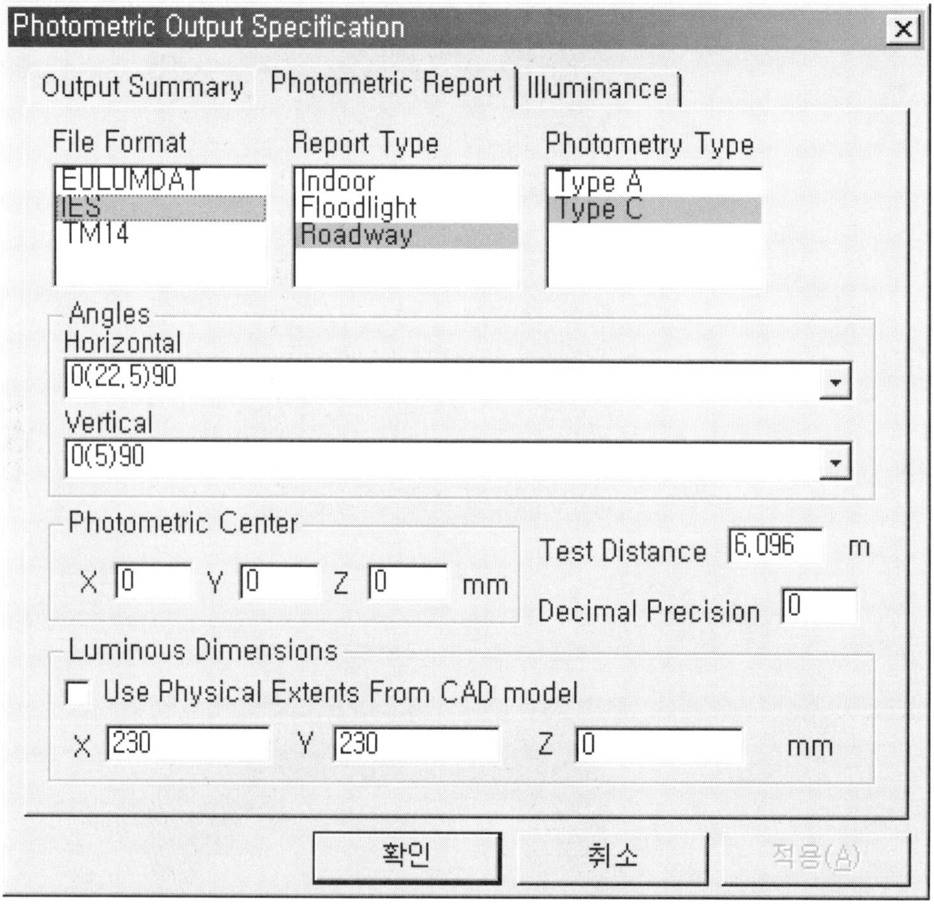

그림 3-12 포토메트릭 출력 사양(The photometric output specification)

"Photometric Output Specification"에서는 국내에서 가장 많이 사용되는 IES 파일을 배광데이터로 사용하였다. "Report Type"에서는 Roadway로, Photometry type은 C로서 각도는 수평 0(22.5)90, 수직각도 0(5)90으로 하여 측정거리(test distance)는 6.096m로 설정하여 수행하였다.

그림 3-13에서 "Raytrace Settings"은 LED 광원에 대한 정의 부분이라고 할 수 있는데, "Light sources"는 기판에 배열한 LED 광원에서 생성되어질 광선(ray)의 갯수를 정하는 것으로써 시뮬레이션을 진행하는 데 무리가 없을 정도인 50만개로 설정을 하였다. 그리고 "Ray termination"은 세 부분으로 나뉘어 지는데 그 중 "Number of Reflections"은 초기 광원에서 발산된 빛이 소멸되어 질 때까지 몇 번의 반사를 수행할 것인지를 정하는 것으로써 그 수를 20으로 설정하고 "Spawn

Limit" 광원에서 빛이 반사판에 비추어지면서 빛이 몇 개로 쪼개어지는 지를 정하는 부분으로 1개를 선택하였다.

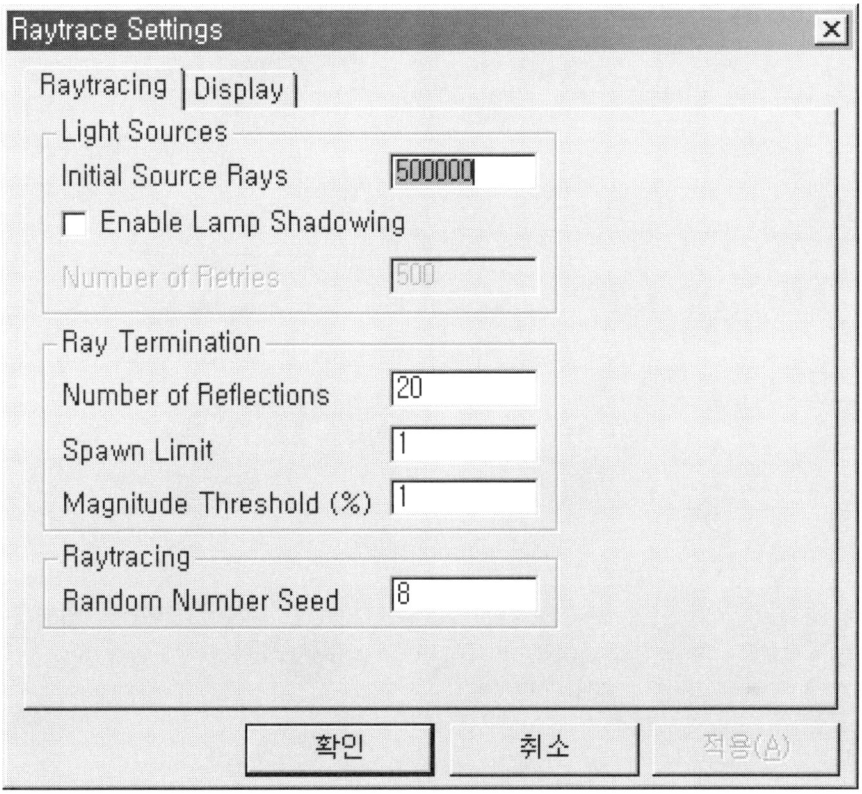

그림 13-13 레이 트레이스 설정(The raytrace settings)

2-3. 시뮬레이션 결과

글로브가 없을 때 49개의 LED를 각각 8.2 / 10 / 15 mm로 배열했을 때 각각의 기구효율 분포도는 94.3 % / 94.8 % / 95.2 % 로서 15 mm로 한 것이 95.2 % 로서 가장 높은 효율로 나타났으며, 등기구의 글로브가 있고 LED발광면 중심으로부터 글로브가 30 mm 떨어진 거리에서 49개의 LED를 각각 8.2 / 10 / 15 mm로 배열했을 때 각각의 기구효율 분포도는 86.6 % / 86.8 % / 86.7 % 로서 10 mm로 한 것이 86.8 %로서 가장 높은 효율로 나타났다.

그림 3-14는 등기구의 글로브가 없을 때 49개의 LED를 각각 8.2 / 10 / 15mm로 배열했을 때 기구효율 분포도를 나타낸 것이고 그림 3-15는 글로브가 있고 반사

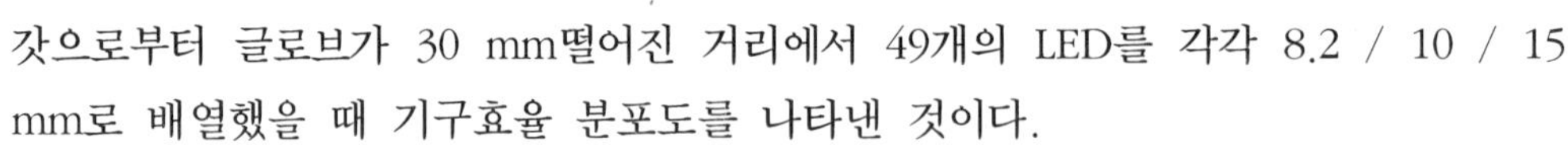

갓으로부터 글로브가 30 mm떨어진 거리에서 49개의 LED를 각각 8.2 / 10 / 15 mm로 배열했을 때 기구효율 분포도를 나타낸 것이다.

그림 3-16은 글로브가 있고 LED발광면 중심부로부터 글로브가 50 mm떨어진 거리에서 LED를 각각 8.2 / 10 / 15 mm로 배열했을 때 기구효율 분포도를 나타낸 것으로써 거의 비슷한 결과인 87.1 % / 87.5 % / 87.5 %로 나타났다.

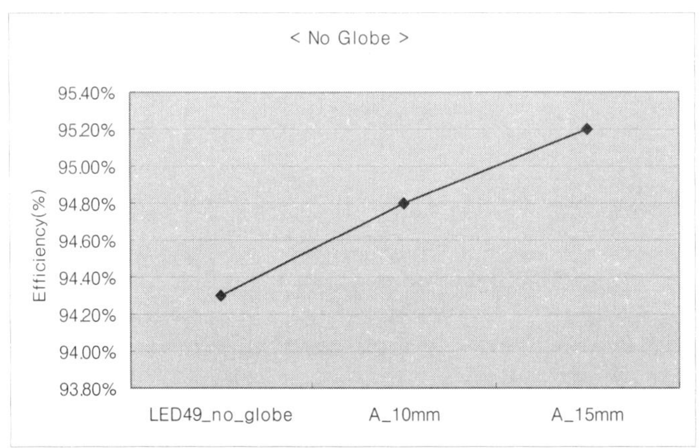

그림 3-14 글로브가 없을 때, 49개의 LED를 각각 8.2 / 10 /15mm로 배열했을 때 효율 분포도(No globe, efficiency distribution graph of luminaire arrayed by 49 LEDs with spaces of 8.2mm / 10mm / 15mm)

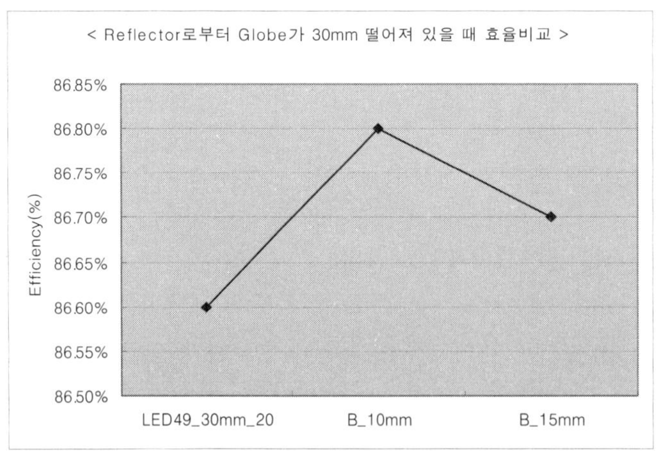

그림 3-15 글로브가 있고, LED발광면 중심부로부터 글로브가 30mm떨어진 거리에서 49개의 LED를 각각 8.2 / 10 / 15mm로 배열했을 때 효율 분포도(Efficiency distribution graph of luminaire arrayed by 49 LEDs with spaces of 8.2mm / 10mm / 15mm and globe of 30mm distant from LED luminous center)

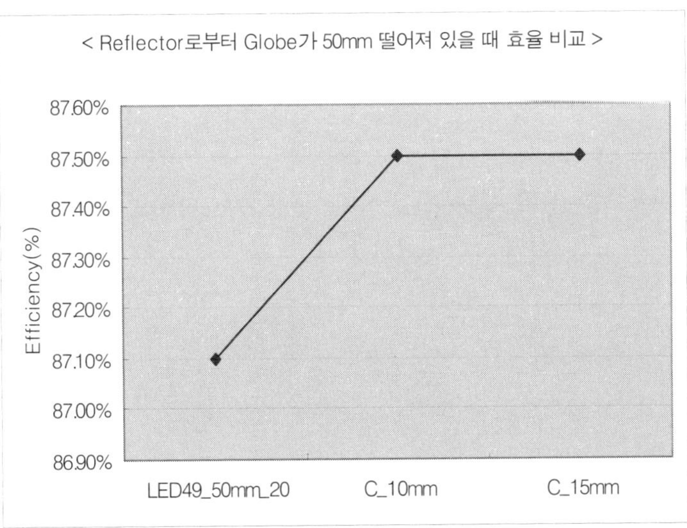

그림 3-16 글로브가 있고 LED발광면 중심부로부터 글로브가 50mm 떨어진 거리에서 49개의 LED를 각각 8.2 / 10 / 15mm로 배열했을 때 기구효율 분포도(Efficiency comparison graph of luminaire arrayed by 49 LEDs with spaces of 8.2mm / 10mm / 15mm and globe of 50mm distant from LED luminous center)

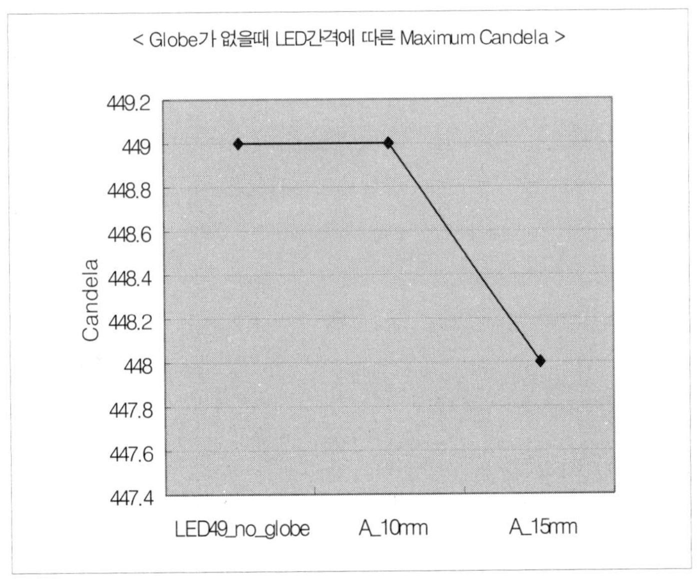

그림 3-17 글로브가 없을 때 49개의 LED를 각각 8.2 / 10 / 15mm로 배열했을 때 광도 비교표(Luminous intensity comparison graph of luminaire arrayed by 49 LEDs with spaces of 8.2mm / 10mm / 15mm and without globe)

그림 3-17은 등기구의 글로브가 없을 때 49개의 LED를 각각 8.2 / 10 / 15 mm로 배열했을 때 광도 값을 나타낸 것으로써 각각 449 [cd] / 449 [cd] / 448 [cd]이며, 그림 3-18은 글로브가 있을 때 LED발광면 중심으로부터 글로브가 30 mm 떨어져 있을 때 49개의 LED를 각각 8.2 / 10 / 15 mm로 배열했을 때 광도 비교를 나타낸 것으로써 418 [cd] / 411[cd] / 416 [cd]로 8.2 mm로 한 것이 가장 높은 광도의 값을 얻을 수 있었다.

LED의 간격을 LED의 중심부로부터 각각 8.2 / 10 / 15 mm의 거리 간격을 두어 LED를 배열한 LED광원에 글로브의 사용 유·무와 엠보의 형태에 따른 27가지를 수행하였다. LED광원의 기구효율과 광도는 어떤 형태의 LED광원이 더 효율적인가를 비교 검토하였으며 시뮬레이션 결과를 요약하면 표 3-6과 같다.

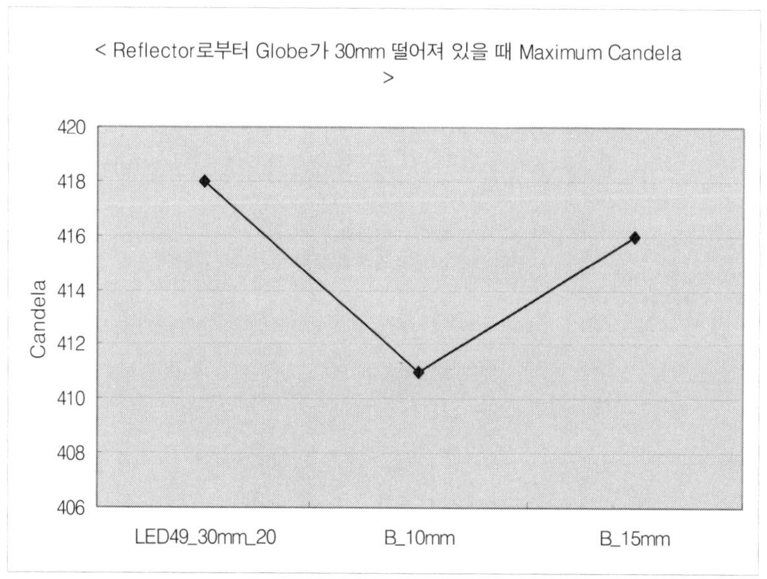

그림 3-18 글로브가 있고 LED발광면 중심으로부터 글로브가 30mm 떨어져 있을 때 49개의 LED를 각각 8.2 / 10 / 15 mm로 배열했을 때 광도 비교표. (Luminous intensity graph of luminaire arrayed by 49 LEDs with spaces of 8.2mm / 10mm / 15mm and globe of 30mm distant from LED luminous center)

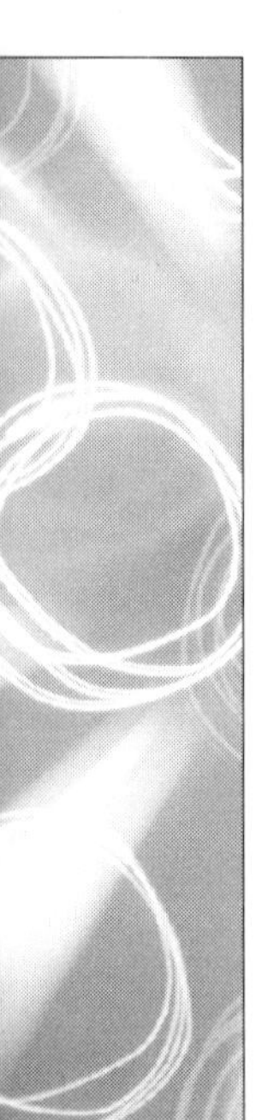

표 3-6 시뮬레이션 결과.

<table>
<tr><th colspan="6">효율과 광도치</th><th rowspan="3">비 고</th></tr>
<tr><th colspan="2">8.2[mm]</th><th colspan="2">10.0[mm]</th><th colspan="2">15.0[mm]</th></tr>
<tr><th>효율
[%]</th><th>광도
[cd]</th><th>효율
[%]</th><th>광도
[cd]</th><th>효율
[%]</th><th>광도
[cd]</th></tr>
<tr><td>94.3</td><td>449</td><td>94.8</td><td>449</td><td>95.2</td><td>448</td><td>글로브 없음, 그림 3-9(a)</td></tr>
<tr><td>86.6</td><td>418</td><td>86.8</td><td>411</td><td>86.7</td><td>416</td><td>글로브 거리 30mm
그림 3-9(b)</td></tr>
<tr><td>87.1</td><td>415</td><td>87.5</td><td>417</td><td>87.5</td><td>411</td><td>글로브 거리 50mm
그림 3-9(c)</td></tr>
<tr><td>86.7</td><td>402</td><td>88.0</td><td>397</td><td>88.5</td><td>396</td><td>글로브 거리 30mm
그림 3-9(d)/엠보 8.2mm
그림 3-5(a)</td></tr>
<tr><td>88.6</td><td>402</td><td>88.7</td><td>397</td><td>89.4</td><td>400</td><td>글로브 거리 50mm
그림 3-9(e)/엠보 8.2mm
그림 3-5(a)</td></tr>
<tr><td>87.5</td><td>400</td><td>88.1</td><td>401</td><td>88.7</td><td>395</td><td>글로브 거리 30mm
그림 3-9(d)/엠보 5.0mm
(센터)그림 3-5(c)</td></tr>
<tr><td>88.5</td><td>396</td><td>89.0</td><td>395</td><td>89.5</td><td>398</td><td>글로브 거리 50mm
그림 3-9(e)/엠보 5.0mm
(센터)그림 3-5(c)</td></tr>
<tr><td>87.5</td><td>397</td><td>87.8</td><td>397</td><td>88.5</td><td>396</td><td>글로브 간격 30mm
그림 3-9(d)/엠보 5mm
그림 3-5(b)</td></tr>
<tr><td>88.5</td><td>398</td><td>88.9</td><td>403</td><td>89.4</td><td>401</td><td>글로브 간격 50mm
그림 3-9(e)/엠보 5mm
그림 3-5(b)</td></tr>
</table>

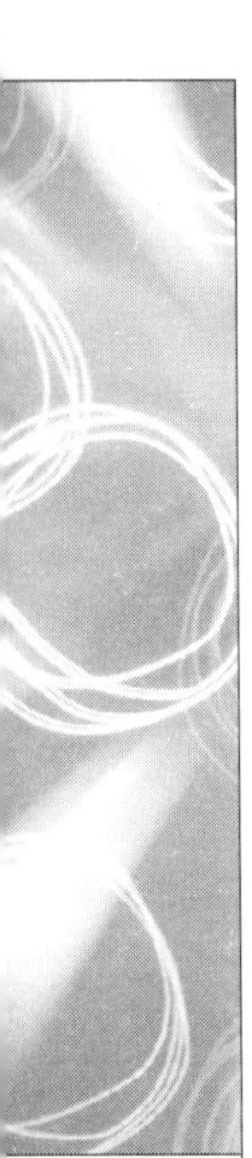

3. 결과 및 고찰

조명용 HB 백색 LED를 사용하여 등기구의 형태에 따른 광도 및 기구효율을 비교 분석한 결과로서 어떤 형태의 LED광원이 더 효율적인가를 분석하였다.

1) LED를 8.2mm간격으로 배열한 결과, 등기구의 글로브가 없는 반사갓의 효율이 94.3%로 가 장 높았고, 글로브의 엠보 지름이 8.2mm이고 반사갓으로부터 50mm떨어진 반사갓이 88.6%로 그 다음으로 효율이 높았다.
2) LED를 10mm간격으로 배열한 결과, 등기구의 글로브가 없는 반사갓의 효율이 94.8%로 가장 높았고, 그림 3-5의 (c)번과 같은 글로브의 반사갓 효율이 89%로 두 번째로 높았다.
3) LED를 15mm간격으로 배열한 결과, 글로브가 없는 반사갓의 효율이 95.2%로 가장 높았고, 그림 3-9(e)에서 그림 3-5의 글로브의 지름이 8.2mm로 한 것과 5mm로 한 형태가 반사갓의 기구효율이 89.4% 그 다음으로 높았다.

이 결과 글로브를 사용하여 LED광원용 등기구를 제작할 경우 위 3번의 경우에서 즉 LED를 15mm간격으로 배열 후 그 중에서도 엠보 형태 글로브의 지름이 8.2mm인 형태로 하는 것이 가장 좋은 효율의 결과를 얻었다. 만약 글로브가 엠보 형태가 아닌 볼록 원형 형태로 할 경우에는 그림 3-9의 (c)처럼 설계를 하면 비용이 가장 적게 들것으로 예상된다.

LED광원은 RoHS에 대한 환경친화와 다기능 광원 시스템 기술이므로 LED의 배열 및 등기구와 글로브 형태에 따른 LED광원의 광도 및 기구효율을 비교·고찰해 봄으로써 앞으로 LED를 사용한 광원용 등기구 개발에 도움이 되리라 생각된다.

[1] S. Nakamura, T. Mukai, and M. Senoh, Appl. Phys. Lett. V64, p1687 (1994)

[2] S. Nakamura, M. Senoh, N. Iwasa, and S. Nagakama, Jpn. J. Appl. Phys. V 34, p L797 (1995)

[3] S. Nakamura, and G. Fasol, "The Blue Laser Diode", Springer-Verlag, Berlin, 1997

[4] S. Nagahama, N. Iwasa, M. Senho, T. Matsushita, Y. Sugimoto, H. Kiyoku, T. Kozaki, M. Sano, H. Matsumura, H. Umemoto, K. Chocho, and T. Mukai, Jpn. J. Appl. Phys. Part 2 V39, p647 (2000).

[5] S. Nagahama, M. Sano, T. Yanamoto, D. Morita, O. Miki, K. Sakamoto, M. Yamamoto, Y. Matsuyama, Y. Kawata, T. Murayama, T. Mukai, Proc. Of SPIE. V2995, p108 (2003)

[6] O. H. Nam, K. H. Ha. J. S. Kwak, S. N. Lee, K.K. Choi. T. H. Chang, S. H. Chae, W. S. Lee, Y. J. Sung, H. S. Paek, J. H. Chae, T. Sakong, and Y. Park, Phys. Stat. Sol. (c) V0, p2278 (2003)

[7] T. Tojyo, T. Asano, M. Takeya, T. Hino, S. Goto, S. Uchida, and M. Ikeda, Jpn. J. Appl. Phys. Part 1 V40, p3206 (2001).

[8] S. C. Jain, M. Willander, J. Narayan, and R. Van Overstraeten, J. Appl. Phys. V87, p965 (2000)

[9] W. C. Johnson, J. B. Parsons, and M. C. Crew, J. Phys. Chem. 36 (1928)

2561

[10] R. B. Zetterstrom, J. Mat. Sci. (1970)

[11] T. Matsumoto and M. Aoki, J. Journal. Appl, Phys (1974)

[12] H. P. Maruska and J. Tietjen, Appl. Phys. Lett. (1969)

[13] J. Nishizawa, H. Abe, and T. Lirabayashi, J. Electrochem. Soc. 132 (1985) 1197

[14] O. H. Nam, M. D. Bremser, T. S. Zheleva, and R. F. Davis, Appl. Phys. Lett. 71 (1997) 2638

[15] S. Keller, B. P. Keller, D. Kapolnek, A. C. Abare, H. Masui, L. A. Coldren, U. K. Mishra, and S. P. DenBaars, Appl. Phys. Lett. 68 (1996) 3147

[16] S. Keller, B. P. Keller, D. Kapolnek, U. K. Mishra, S. P. DenBaars, I. K. Shmagin, R. M. Kolbas, and S. Krishnankutty. J. Cryst. Growth. 170 (1997) 349.

[17] S. N. Lee, T. Sakong, W. Lee, H. S. Paek, M. S. Seon, I. H. Lee, O. H. Nam, and Y. Park, J. Cryst. Growth. 250 (2003) 256

[18] J. I. Pankove, J. Electrochem. Soc. 119 (1972) 1118

[19] I. Akasaki, H. Amano, Y. Koide, H. Hiramatsu, N. Sawaki, J. Cryst. Growth 89 (1989) 209

[20] S. C. Jain, M. Willander, J. Narayan, R. Van Overstraeten, J. Appl. Phys. 87 (2000) 965

[21] S. N. Lee, J. K. Son, H. S. Paek, T. Sakong, W. Lee, K. H. Kim, S. S. Kim, Y. J. Lee, D. Y. Noh, E. Yoon, O. H. Nam, and Y. Park, Phys. Stat. Sol. (C) V1, 2458 (2004)

[22] M. F. Schubert, S. Chhajed, J. K. Kim, E. F. Schubert, D. D. Koleske, M. H. Crawford, S. R. Lee, A.J. Fischer, G. Thaler, M. A. Banas, Appl. Phys. Lett, V91, p23114 (2007)

[23] Y. C. Shen, G. O. Mueller, S. Watanabe, N. F. Gardner, A. Munkholm, M. R. Krames, V92, p141101 (2007)

[24] M. H. Kim, M. F. Schubert, Q. Dai, J. K. Kim, E. F. Schubert, J. Piprek, Y. Park, Appl. Phys. Lett., V92, 183507 (2007)

[25] P. Waltereit, O. Brandt, A. Trampert, H. T. Grahn, J. Menniger, M. Ramsteiner, M. Reiche, and K. H. Ploog, Nature, V406, p865 (2000)

[26]이장원, 알기쉬운 영상조명, 아르케라이팅, p.25-36, 2002
[27] 이장원, 알기쉬운 영상조명, 아르케라이팅, p.43-68, 2002
[28] 이장원, 알기쉬운 교회조명, 아르케라이팅 p.39-42, 2003
[29] 이장원, 알기쉬운 교회조명, 아르케라이팅 p.116-123, 2003
[30] 이장원, LED 산업 및 기술동향, LED를 이용한 무대공연 및 방송 조명 산업의 활용방안 ,한국조명기술연구소 2009
[31] 최신 조명환경 원론, 지철근 외 (문운당, 2007).
[32] OSRAM Korea Product Catalog, OSRAM (2005)
[33] LED Application for channel letter in the sign industry, 박재환, 임동혁 (DSSL2008, 2008)
[34] LED 조명기기 시범설치 및 효과분석, 에너지관리공단 (산업자원부, 2006)
[35] LED 채널간판 기술기준연구, 에너지관리공단 (산업자원부, 2007)
[36] 고효율 LED 조명 실제와 전망 - 고효율 LED 조명기기 분석, 정봉만 (에너지기술인력 양성센터, 2007)
[37] LED 조명 신뢰성 핸드북, 일본 LED 조명추진협의회 (2008)
[38] The Need for Standard Definition and Metrics, N. Narendran (Strategies i n Light, 2006)
[39] 고효율 LED 조명 실제와 전망 - 고효율 LED 조명기기 분석, 정봉만 (에너지기술인력 양성센터, 2007)
[40] Degrees of protection provided by enclosures, IEC 60529 (2002)
[41] 제3회 기후변화 대응 연구 개발 사업 범부처 합동 워크샵 (2009)
[42] 한국표준협회. 신명재 저 "신 표준화 개론" 2007.1.25
[43] KS C IEC 60598-1, 등기구-제1부 : 일반 요구사항 및 시험
[44] KS C IEC 60335-1, 가정용 및 이와 유사한 전기기기의 안전성 -제1부 : 일반 요구사항
[45] ISO/IEC Guide 2

[참고 Web. Site]
기술표준원 http://www.kats.go.kr
한국표준협회 http://www.ksa.or.kr
한국산업기술시험원 [KTL] http://www.ktl.re.kr
한국전기전자시험연구원[KETI] http://www.keeti.re.kr

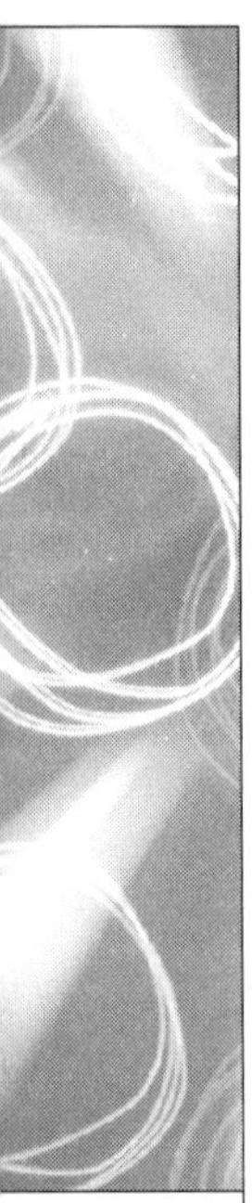

한국전자파연구원[ERI] http://www.eri.re.kr

한국조명기술연구소[KILT] http://www.kilt.re.kr

IEC http://www.iec.ch

ISO http://www.iso.org

BIPM http://www1.bipm.org

UL http://www.ul.com

ETL http://www.intertek-etlsemko.com

TUV SUD Korea http://www.tuv.or.kr

TUV Rheinland Korea http://www.tuv.com

저자약력

■ 장우진

학력 및 주요경력

〈학력〉

ㅇ 1979 서울대학교 공과대학 전기공학과 졸업, 공학사
ㅇ 1981 서울대학교 대학원 전기공학과 졸업, 공학석사
ㅇ 1989 서울대학교 대학원 전기공학과 졸업, 공학박사

〈주요 경력〉

ㅇ '84년 - '09년 현재, 서울산업대학교 전기공학과 교수

소속 및 직위 : 서울산업대학교 전기공학과 교수

■ 황명근

학력 및 주요경력

〈학력〉

ㅇ 서울산업대학교 졸업(공학사)
ㅇ 한양대학교 졸업(공학석사)
ㅇ 인하대학교 전기공학과 졸업(공학박사)

〈주요 경력〉

ㅇ '98년 - '09년 현재, 한국조명기술연구소 수석연구원
ㅇ '03년 - '06년 세종대학교 겸임교수
ㅇ '08년 - '09년 현재 한국산업기술대학교 겸임교수
ㅇ '07년 지식경제부, THE-7 Runners 기획위원장
ㅇ '08년 - '09년 현재, 차세대 LED조명기술인력양성센터 센터장
ㅇ '08년 - '09년 현재, LED조명센터 센터장
ㅇ '08년 - '09년 현재, LED신광원조명기술연구회 위원장
ㅇ '06년 - '09년 현재, 국제조명위원회 한국조명위원회 이사
ㅇ '06년 - '09년 현재, 한국조명전기설비학회 이사
ㅇ '07년 - '09년 현재, 대한전기학회 C분과 편집위원
ㅇ '08년 9월(36주), IR52 장영실상 수상, 교육과학기술부

소속 및 직위 : 한국조명기술연구소 수석연구원/LED조명센터장

■ 박승옥

학력 및 주요경력

〈학력〉

- ㅇ 1979년 이화여자대학교 물리학과 졸업 (학부)
- ㅇ 1981년 이화여자대학교 대학원 물리학과 졸업 (석사)
- ㅇ 1987년 한국과학기술원 물리학과 졸업 (박사)

〈주요 경력〉

- ㅇ '92년 - '09년 현재, 대진대학교 물리학과 교수
- ㅇ '87년 - '92년 한국표준과학연구원 분광색채연구실 선임연구원

소속 및 직위 : 대진대학교 물리학과 교수

■ 이성남

학력 및 주요경력

〈학력〉

- ㅇ 학사 : 성균관대학교 금속공학과
- ㅇ 석사 : 광주과학기술원 신소재공학과
- ㅇ 박사 : 서울대학교 재료공학부

〈주요 경력〉

- ㅇ '09년 - '09년 현재, 한국산업기술대학교, 나노-광공학과
- ㅇ '08년 - '09년 신라대학교, 에너지응용화학과
- ㅇ '07년 - '08년 삼성전기 중앙연구소
- ㅇ '00년 - '07년 삼성종합기술원 포토닉스랩
- ㅇ '99년 - '00년 아남 반도체, 기술연구소

소속 및 직위 : 한국산업기술대학교, 나노-광공학과, 조교수

■ 노재엽

학력 및 주요경력

〈학력〉

- ㅇ 호서대학교 전기공학과 학사
- ㅇ 호서대학교 전기공학과(조명전공) 석사
- ㅇ 호서대학교 전기공학과(조명전공) 박사

〈주요 경력〉

- ㅇ '98년 - '06년 호서대학교 외래교수
- ㅇ '98년 - '07년 신성대학 디지털전기계열 겸임교수
- ㅇ '07년 - '09년 현재, 한국조명기술연구소 선임연구원

소속 및 직위 : 한국조명기술연구소 연구사업부 선임연구원

■ 조현민

학력 및 주요경력

〈학력〉

ㅇ 포항공과대학교 신소재공학과 학사

ㅇ 포항공과대학교 신소재공학과 석사

ㅇ 서울대학교 재료공학부 박사수료

〈주요 경력〉

ㅇ '97년 - '09년 현재, 전자부 품연구원 책임연구원

소속 및 직위 : 전자부품연구원 디스플레이부품소재연구센터 책임연구원

LED 조명기술개론

지은이와 협의 인지 생략

인 쇄 : 2009년 7월 15일
발 행 : 2009년 7월 25일
저 자 : 장우진 · 황명근 · 박승옥
이성남 · 노재엽 · 조현민
발 행 처 : 도서출판 아진
135-010
서울시 강남구 논현동 148-19 한미빌딩 201호
TEL:02-737-0663 FAX:02-737-0664
Homepage:ajin.to
E-mail:kgb@ajin.to
발 행 인 : 김 근 배
등록번호 : 제300-1995-56호
ISBN : 978-89-5761-286-6 93560

가격 20,000원